ISBN 978-3-662-31463-0   ISBN 978-3-662-31670-2 (eBook)
DOI 10.1007/978-3-662-31670-2

Inhaltsverzeichnis.

Einleitung.

Seit 4 Jahren wird in dem der Süddeutschen Versuchs- und Forschungsanstalt für Milchwirtschaft in Weihenstephan angefügten Molkereibetrieb eine Bewertung und Bezahlung der Milch nach Qualität vorgenommen. Die Ergebnisse und Erfahrungen, die dabei im Laufe des 1. Jahres gemacht wurden, haben *Zeiler, Bauer* und *Berwig*[61] seinerzeit in umfangreicher Weise zusammengestellt und an die Öffentlichkeit gebracht. Da der Hauptteil der täglich an die Molkerei gelieferten Milch zu Weichkäsen verarbeitet wird, hat man bei der Bewertung der Milch nach Qualität das Hauptgewicht auf die Bestimmung der Käsereitauglichkeit gelegt und diese durch die Milchgär- und Labgärprobe festzustellen versucht. Diese *Voranstellung der Käsereitauglichkeit* bei der Beurteilung der Milch bringt auch das angewendete 30 teilige Punktiersystem insofern deutlich zum Ausdruck, als man ihr die Hälfte der Punktzahlen eingeräumt hat, während sich in die andere Hälfte Reinlichkeits- und Haltbarkeitsprüfung teilen müssen. Letztgenannte erfolgt durch Ausführung der Reduktase- und Alkoholprobe, wozu noch als Kontrolle die Bestimmung des Säuregrades nach *Soxhlet-Henkel* und Temperaturmessung kommen, die Reinlichkeitsprüfung durch Beurteilung des Milchschmutzgehaltes und der Kannenbeschaffenheit.

Bei dieser Feststellung der Käsereitauglichkeit während des 1. Versuchsjahres zeigte sich die Milchgärprobe als zuverlässig, die Labgärprobe aber erwies sich wenigstens für die Weichkäserei als zu strenge. Aus diesem Grunde ließ man sie in dem für die Praxis vorgeschlagenen Bewertungsschema fallen, wenn es sich um Durchführung von Käsereitauglichkeitsbestimmungen in Weichkäsereien, nicht in Hartkäsereien handelte (vgl. jedoch S. 37). Da die Emmentaler Käserei die höchsten Anforderungen an die Tauglichkeit einer Milch stellt, sei bei ihr der strengere Maßstab der Labgärprobe wohl angebracht.

Hauptaufgabe vorliegender Arbeit sollte es nun sein, die in der Praxis angewendeten biologischen Milchprüfungsverfahren zur Bestimmung der Käsereitauglichkeit durch feinere bakteriologische Methoden, die sich aber unter Umständen auch in der Praxis durchführen lassen, zu kontrollieren. Es sollte dadurch klargestellt werden, welche von den in der Praxis üblichen Serienmethoden am besten die an sie gestellten Forderungen erfüllen und welche von ihnen vielleicht zur Vereinfachung der Untersuchungen weggelassen oder durch andere ersetzt werden können.

Diese Frage auf dem Wege über praktische Käsereiversuche zu lösen, übernahm seinerzeit die Betriebstechnische Abteilung genannter Anstalt. Da sich zur Feststellung der Milchgüte auch die Reduktaseprobe als sehr nützlich erwiesen hatte, wurde auch diese bei unseren vergleichenden Untersuchungen miteinbezogen.

I. Die Käsereitauglichkeit der Milch und die in der Praxis zu ihrer Feststellung üblichen Methoden.

1. Die Käsereitauglichkeit der Milch.

Unter Käsereitauglichkeit versteht man, daß eine Milch den Anforderungen gerecht wird, die der Käser von seinem Rohmaterial verlangen muß, um daraus mit größtmöglichster Sicherheit Primakäse herstellen zu können. Diese Anforderungen sind naturgemäß bei den wertvollsten Käsesorten und besonders bei denen am höchsten, die wie die Emmentaler wegen Verarbeitung größter Milchmengen zu einem einzigen Käse das größte Risiko mit sich bringen.

Die Käsereitauglichkeit einer Milch beruht einmal auf ihrer chemisch-physikalischen, zum anderen auf ihrer biologischen Zusammensetzung. Auf jene hat der Milchlieferant wenig Einfluß, es sei denn, daß er bewußt in ihrer Beschaffenheit anormale Milch wie Biestmilch, Milch von Tieren kurz vor dem Trockenstehen oder gar Milch aus kranken Eutern zur Käserei bringt oder sie auch nur normaler Milch beimischt. Solche Milch ist in ihrer chemisch-stofflichen Zusammensetzung anormal und verhält sich auch gegen Lab nicht wie gewöhnliche Milch. Tiere mit kranken Eutervierteln liefern häufig räßsalzige Milch; diese ist wie die Milch von Tieren, die am Ende der Lactation stehen, labträg und infolgedessen käsereiuntauglich. Auch hat die Fütterung auf die chemische Zusammensetzung der Milch einen gewissen Einfluß.

Der zweite Punkt, *die mikrobiologische Beschaffenheit, der Gehalt der Milch an Kleinlebewesen, bedeutet nach Burri*[10, 11] *den Schwerpunkt der Käsereitauglichkeitsfrage.* Beide Seiten der Käsereitauglichkeit lassen sich nicht immer strenge voneinander scheiden, häufig wird die eine von der anderen beeinflußt. Labträge, räßsalzige Milch, also zunächst eine chemisch-physikalische Veränderung, kann z. B. durch Anwesenheit von pathogenen Euterbakterien verursacht und somit auch mikrobiologischen Ursprungs sein.

Hat der Milchlieferant immerhin auf die chemisch-physikalische Beschaffenheit der von ihm angelieferten Milch nur wenig Einfluß, so hat er ihn um so mehr auf die biologische. Fehler bei der Gewinnung der Milch, bei deren Behandlung und Transport zur Verarbeitungsstätte können den Gehalt an Kleinlebewesen im allgemeinen sowie den der käsereischädlichen im besonderen so erhöhen, daß sich in der Käserei dann die größten Schwierigkeiten einstellen und fehlerhafte Käse die Folge sind.

Eine Prüfung der Milch auf ihre biologische Käsereitauglichkeit muß sich also in der Hauptsache auf *Menge und Art der Kleinlebewesen* erstrecken, wobei das Hauptgewicht auf die Feststellung der *Käsereischädlinge* zu legen ist. Es sind dies vorwiegend die Angehörigen der Coli-aerogenes-Gruppe, die unter Gasbildung den Milchzucker in den Käsen unmittelbar nach ihrer Herstellung, bei den Hartkäsen schon unter der Presse (*Pressler*) zersetzen. Außerdem können sie Geschmacksfehler der Milch und der daraus hergestellten Molkereiprodukte verursachen. Eine andere Art der Blähung, meist nur bei Hartkäsen wegen der in ihnen herrschenden anaeroben Verhältnissen vorkommend, tritt erst nach Wochen im Heizkeller auf. Hier sind die Ursachen in der Regel sporenbildende anaerobe Buttersäurebacillen, die die aus dem Milchzucker inzwischen gebildete Milchsäure zu Buttersäure, Kohlensäure und Wasserstoff abbauen. Von einem zweiten anaeroben Sporenträger, dem Bac. putrificus, ist bekannt, daß er die sog. Stinkerkäse verursacht. Aus der Schweiz berichten *Wyssmann*[59] und *Kürsteiner*[36] von einem bösen Käsefehler, der sich durch Auftreten von größeren, jauchig riechenden Faulstellen in Emmentaler Käsen zeigt. Aus der fauligen Käsemasse gelang es, den erwähnten eiweißzersetzenden Bac.

putrificus Bienstock in großen Mengen zu isolieren. Amerikanische Autoren bestätigen diese Erfahrungen.

Die Feststellung der *Gesamtzahl* der in der Milch enthaltenen Kleinlebewesen und der Nachweis der Bakterien der *Coli-aerogenes-Gruppe*, für Hartkäserei auch der unter Umständen als Schädlinge auftretenden *anaeroben Sporenbildner*, sollten die Grundlage einer biologischen Käsereitauglichkeitsprüfung sein.

2. Die Reduktaseprobe und ihre wissenschaftlichen Grundlagen.

Die Probe, die in der milchwirtschaftlichen Praxis die weiteste Verbreitung gefunden hat, ist die Methylenblaureduktaseprobe *Schardingers*[49]. In Frischmilchbetrieben wird sie angewendet, um die Frische und Haltbarkeit der Milch zu bestimmen, in den Buttereien, besonders der nordischen Länder, fand sie durch die Arbeiten *Barthels* und *Orla-Jensens* vor allem Beachtung. Nicht zuletzt hat sie sich in den Käsereigebieten eingeführt, wo sie wertvollen Aufschluß über den Reifegrad der angelieferten Milch geben kann und dadurch auch einen gewissen Aufschluß über deren Käsereitauglichkeit. In vielen Fällen bildet die Reduktaseprobe die Hauptgrundlage einer Bewertung und Bezahlung der Milch nach Qualität.

Diese Probe beruht auf der Reduktion von Methylenblau zur Leukoverbindung, die in roher Milch, wenn sie einige Stunden alt ist, vor sich geht. Als Reduktionsursache nahm *Schardinger* ein von Bakterien gebildetes Enzym, die Reduktase, an. Je älter die Milch und je höher damit die Keimzahl sei, desto größer sei die gebildete Reduktasemenge und desto schneller verlaufe die Entfärbung. Allerdings gab schon *Barthel*[5] eine andere Erklärung, deren äußerste Konsequenz durch die Befunde von *Thornton* und *Hastings*[54] dargestellt wird. Danach ist nämlich die *Mechanik der Methylenblaureduktion* derart, daß die Rolle der Bakterien lediglich darin besteht, den freien Sauerstoff aus der Milch zu entfernen, worauf dann die *Milchbestandteile selbst* ohne Hilfe der Mikroorganismen den Farbstoff reduzieren. Die Geschwindigkeit der Entfärbung hängt also nicht von der Menge der bereits vorhandenen oder während des Wachstums von den Bakterien gebildeten hypothetischen „Reduktase" ab, sondern von der Geschwindigkeit, mit der die Bakterien den in der Milch befindlichen freien Sauerstoff an sich reißen. Sei dem, wie es wolle, als Endergebnis tritt jedenfalls die Entfärbung auf und die Geschwindigkeit ihres Auftretens bildet die Grundlage für die Beurteilung der bakteriellen Verunreinigung von Milch.

Dabei ergaben sich allerdings schon von Anfang an Schwierigkeiten, weil die Aktivität der in der Milch vorhandenen Bakteriengruppen bei ein und derselben Temperatur nicht die gleiche ist. Dies läßt sich ja leicht aus der verschiedenen Herkunft der Keimarten erklären. Keime, die aus dem Euter und dem Kot in die Milch gelangen, haben andere Optimaltemperaturen als die, die aus der Luft, aus dem Futter und aus der Streu stammen.

Während *Orla-Jensen*[45] und *Barthel*[5] in ihren Versuchen fanden, daß die Gruppe der Milchsäurebakterien nicht zu den stark reduzierenden (bzw. stark Sauerstoff absorbierenden) Arten gehöre, fanden andere, *Dons*[20], *Fred*[22], *Weigmann* und *Wolff*[57], *Rahn*[47] und *Hanke*[26] gerade das Gegenteil. Nach ihren Arbeiten sind die milchsäurebildenden Mikrokokken und Streptokokken in erster Linie an der schnellen Reduktion beteiligt, und da sie nach *Schröter*[50] den Hauptteil der Milch-flora ausmachen, meist 52—78%, sind sie auch entscheidend für den Verlauf derselben.

Den Widerspruch mit den Ergebnissen von *Barthel* und *Jensen* konnten *Weigmann* und *Wolff* dadurch aufklären, daß sie junge Reinkulturen für ihre Versuche verwendeten, die im Gegensatz zu älteren voll entwickelten, womit jene arbeiteten, mehr Reduktionskraft besitzen. Da man es in der Milch aber mit *Bakterien im Entwicklungsstadium* zu tun hat, entsprechen die Versuche mit jüngerer Kultur auch mehr der Wirklichkeit. Nach *Fred* reduzieren die Angehörigen der Coli-aerogenes-Gruppe ebenso schnell wie die Milchsäurebakterien.

Barthel und *Jensen*[6] bauten die Reduktaseprobe weiter aus und stellten schließ-lich für die Zwecke der praktischen Milchbeurteilung je nach der Entfärbungszeit 4 Qualitätsgruppen auf (siehe Tab. 6).

Rahn[47] wertete das Barthelsche und Jensensche Zahlenmaterial weiter aus und errechnete dabei einmal 23%, in einem anderen Falle 33% Ausnahmen, wenn er die durch Plattenkultur gewonnenen Keimzahlen der beiden Verfasser in deren Schema einreihte. Die Ausnahmen, die allein zu Lasten der Reduktaseprobe treffen, sind mindestens 10%, wenn man den Rest auf die Ungenauigkeit der Plattenzählung zurückführt. *Barkworth*[4], der die bestehenden Beziehungen zwi-schen der von *Orla-Jensen* in Dänemark eingeführten Reduktaseprobe und den allgemein in England gebräuchlichen Methoden untersucht hat, fand, daß die Orla-Jensenschen Proben I und IV sehr genau sind (über 80%), während die Proben II und III vorteilhaft zu einer Gruppe zu verschmelzen wären. *Grimes*, *Barrett* und *Reilly*[24] haben neuerdings die Reduktaseprobe auf ihre Brauchbarkeit zur Milchqualitätsbestimmung untersucht und gefunden, daß der für die Schwan-kungen maßgebende Faktor in der Hauptsache *die Länge der Reduktionszeit* ist: Je länger diese, um so größer die Unterschiede, selbst bei Anstellung von Triplikat-röhren von derselben Milchprobe und derselben Methylenblausorte. Die Größe der Methylenblaudosis hat keinen Einfluß auf die Reduktionszeit, wenn diese 2 Stunden nicht überschreitet. Im übrigen legt *Grimes* in einer anderen Mit-teilung der Reduktaseprobe nur dann einen größeren Wert bei, wenn sie mit der Milchgärprobe verbunden wird. Dies wäre besonders wichtig für die Beurteilung der käsereitauglichen Seite.

Vorstehende Umstände bringen es mit sich, daß die Reduktaseprobe als wissenschaftliche Untersuchung keinen Anklang finden konnte und sich lediglich als *gute Annäherungsmethode* mit Erfolg in der Praxis zur Bestimmung des Frischezustandes einer Milch eingeführt hat.

Christiansen[12] bezeichnet sie allerdings als die heute zweifellos beste bakterio-logische Methode zur Qualitätsbestimmung, da sie es ermögliche, weniger die absolute Keimzahl als vielmehr die *Leistung der Bakterien* zu messen. Die Re-duktion stehe nicht in einem ursächlichen Zusammenhang mit der Vermehrung oder dem Wachstum an sich, sondern sei enge mit dem Stoffwechsel der Organismen verquickt und demzufolge ein mehr oder weniger genaues Maß für die Stärke der Stoffwechselprozesse. So versucht er die Farbreduktion auf Grund der Wieland-schen Dehydrierungstheorie zu erklären.

Er schlägt vor, statt Methylenblau 1 ccm einer 0,01proz. Janusgrünlösung (Safraninazodimethylanilin) zu 10 ccm Milch zu geben, da er wie *Seeleman*[51] bei Verwendung dieses Farbstoffes kürzere Reduktionszeiten bekommen hat, was eine schnellere Feststellung der Milchqualität zuläßt. Zu ähnlichen Ergebnissen kommt *Viertbauer*[56], der mit einer 0,01proz. Farbstofflösung mit 3% Alkohol-gehalt arbeitet. Dem entgegen lehnen *Thornton* und *Hastings*[55] in vergleichenden

Untersuchungen über die Brauchbarkeit verschiedener Indicatoren zur Reduktaseprobe das Janusgrün ab, da 1. die Reduktionszeiten länger seien als mit Methylenblau, 2. Janusgrün giftiger wirke wie Methylenblau, 3. der Endpunkt der voll-
zogenen Reduktion aus diesem Grunde sowohl wie wegen der vorhandenen Farben-
mischung sehr unbestimmt sei, daher sei das *altbewährte Methylenblau für die
Reduktaseprobe beizubehalten*. *Mehlhose*[41] findet bei der Anwendung von 0,02 proz.
Janusgrünlösung die Reduktionszeiten gegenüber Methylenblau meist länger, zum
mindesten gleich lang, jedoch verkürzt bei 0,15 proz. Lösung.

Für die später folgenden Untersuchungen wurde *nur Methylenblau
als Indicator* verwendet, und zwar wurde die Reduktaseprobe zusammen mit der Milchgärprobe als Gärreduktase- oder *Farbgärprobe*
durchgeführt, wie dies auch im Weihenstephaner Molkereibetrieb bei
der Qualitätsbeurteilung der Lieferantenmilchen bis vor kurzem so ge-
handhabt wurde.

Die Technik ist folgende: Die vorher im Autoklaven sterilisierten
Gärzylinder werden mit 40 ccm der zu prüfenden Milch gefüllt unter
Zugabe von 1 ccm der üblichen Methylenblaulösung (5 ccm gesättigte
alkoholische Methylenblaulösung [M. medicinale Merck] zu 195 ccm
Wasser). Nach Abschluß mit einem Aluminiumdeckelchen werden die
vollen Probegläser in ein Wasserbad von 40° gebracht, das dann
zwischen 38 und 40° gehalten wird.

3. Die Milchgärprobe.

Die Milchgärprobe, die Bebrütung der Milch bei der den Gärungs-
erregern günstigen Temperatur von 38—40° hat ihren Ursprung in der
Schweiz und ist von da aus bald auch in die Käsereigebiete des an-
grenzenden Süddeutschland gedrungen.

Rudolf Schatzmann soll im Jahre 1874 die Rahmprobe, d. i. das Aufstellen der
Milch bei gewöhnlicher Temperatur und Sinnenprobe des aufgeworfenen Rahmes
nach 12—16 Stunden eingeführt haben, 1883 schlug er dann die Milchgärprobe
vor. Für deren Durchführung konstruierte *Walther* im Jahre 1886 einen, wie
Gerber[23] damals berichtet, leicht handlichen, billigen, wenig Platz einnehmenden
Apparat, der es ermöglicht, jede kranke Milch rasch und genügend sicher von
der guten, gesunden, wenn scharf nach Vorschrift verfahren, auszuschließen und
so die Fabrikation von normalen Milchprodukten oder die Verhütung von Krank-
heiten sicher machen zu können. *Walthers* Gärapparat ist im Prinzipe dem 1877
nach den Mitteilungen der Königlich-Bayerischen Molkereiversuchsstation Weihenstephan[43] von *Klenze* erfundenen Apparat zur Bestimmung der Wirkung künstlicher Labflüssigkeiten sehr ähnlich. Jedenfalls ist *Walther* das Verdienst zu-
zuschreiben, die Milchprüfung auf Gärungserscheinungen in feste Bahnen gelenkt
zu haben, indem er auf folgende Voraussetzungen bei Anstellung der Probe auf-
merksam machte:

1. Das sehr scharfe Reinigen der Probegläser.
2. Das stete Bedeckthalten, damit keine Infektion von Luftbakterien eintritt.
3. Das Innehalten einer praktisch möglichst konstanten Temperatur von
etwa 40°.

Muff[42] schlägt an Stelle der willkürlich gewählten Temperatur von 40°
eine solche von 38° vor, da sie näher der Blutwärme und der Natur des Vorganges

angemessener ist. Ferner hält er die Deckelchen für geradezu zweckwidrig, da sie ein Austreten der Gärungsgase und das Zutreten des zur Entwicklung der Fermente nötigen Sauerstoffes verhindern, er will sterilisierte Wattepfropfen zum Verschließen der Gärgläser verwendet wissen. Auch sonst hat er manches an *Walthers* Gärprobe auszusetzen, verlangt z. B. Lichtzutritt, weil dieses besonders günstigen Einfluß auf die Entwicklung der „Milchgärpilze, speziell der butterzersetzenden Agentien", habe. Diese Aussetzungen sind aber keineswegs als irgendwie stichhaltig zu betrachten.

Die Walthersche Methode hat sich in der Praxis durchgesetzt und ist heute, freilich verbessert und geändert, in sämtlichen Käsereigebieten eine häufig angewandte Probe zur Feststellung der Milchen mit fehlerhaften Gäranlagen.

Unklarheit herrschte in der ersten Zeit hauptsächlich über die *Gärprobendauer:* Eine Beurteilung der Proben nach 12 Stunden wird zuerst gefordert, dabei muß jede gesunde und wirklich reinlich gewonnene Milch die Gärprobe ungeronnen nach 12 Stunden verlassen. Doch *Diethelm*[19] weist schon darauf hin, daß sich bei einigen Milchen, die durch Blasenbildung und Blähen der Rahmdecke Trieb zeigten, diese innerhalb der ersten 14 Stunden nicht zu bemerken, bei anderen eine späte Gerinnung erst nach 24 Stunden zu konstatieren war. *Aufsberg*[2] beschreibt dann die 12stündige Gärprobe mit nur einmaliger Beurteilung, die 20 bis 24stündige mit zweimaliger und die 36stündige mit dreimaliger Beurteilung. Auch er verlangt, daß eine wirklich normale, von gesunden Kühen stammende, mit Reinlichkeit und Sorgfalt gewonnene und nach dem Melken gleich aus dem Stall entfernte Milch die 12stündige Probe aushält. Da erfahrungsgemäß manche Fehler der Milch aber auch oft erst nach mehr als 12 Stunden (nach 15—18 Stunden) in Erscheinung treten, fordert er die verlängerte Gärzeit von 20—24 Stunden; denn wenngleich solche Milchen nicht in dem hohen Grade fehlerhaft sind als solche, die schon nach 9, 10 und 12 Stunden abweichende Gärprobenbilder zeigen, so müssen doch auch sie dem Sennen bekannt werden. Die Milchen sollen nach 20—24stündiger Gärprobe gleichmäßig geronnen sein und reinen milchsauren Geschmack besitzen. Die 36stündige Probe verlangt *Aufsberg* nur von den nach 24 Stunden nicht geronnenen Milchen, da es sich hier um kranke Milchen handeln kann, welche nicht gerinnen und später gleich faulen, auch bei Labzusatz regelwidrig lange Gerinnungszeit oder überhaupt keine Gerinnung zeigen. Ferner empfiehlt er die verlängerte Gärdauer für Rundkäsereien, die damit zu kämpfen haben, daß die aus den Laiben abgepreßte Molke schleimig und fadenziehend ausfließt. Die diesen Fehler hervorrufenden Milchen können durch die 36stündige Gärprobe entdeckt werden; erst wenn die Milch so stark dick geworden ist, daß sie wieder Molke ausscheidet, kann an dieser Ausscheidung die Schleimbildung beobachtet werden.

Peter[60] hat in seiner Gärprobentabelle für Käser und Milchfecker ein Beurteilungsschema der Gärproben je nach der Beschaffenheit des Käsestoffes aufgestellt. Dabei teilt er die Proben in *fünf Haupttypen* ein: flüssig, gallertig, grießig, käsig-ziegerig und blähend, und unterscheidet von jeder dieser Abteilungen noch vier Unterabteilungen.

Von *Barthel* und *Orla-Jensen*[6] stammt die *Milchgärreduktaseprobe*, die Vereinigung der Reduktaseprobe mit der Milchgärprobe. Diese einzige Probe soll nun über zwei Dinge Auskunft geben: 1. über die ungefähre Zahl und 2. über die Art der bei 38° in der Milch die Vorherrschaft erringenden Bakterien. Bei ihren Untersuchungen ergaben sich nur geringe Differenzen zwischen der Gärprobe mit und ohne Methylenblau, die sie auf die bakterienhemmende Wirkung des Methylenblaus zurückführen. Diese Farbgärprobe wird als eine bis zu 24stündiger Gärzeit verlängerte Reduktaseprobe durchgeführt.

4. Die Labgärprobe.

Diethelm[19] konstatierte bald nach Einführung der Milchgärprobe, daß sich diese als nicht ausreichend zur Beurteilung einer Milch auf den Gesundheitszustand erweist.

Sie gäbe gerade eine der gefährlichsten Milchen für die Käsefabrikation, die räße Milch, nicht genügend sicher an, wenn sie gesunder Milch beigemischt ist. Dabei erwähnt er eine andere Probe *Schatzmanns*, die dieser zur Beurteilung einer Milch auf den Gesundheitszustand und ihre Tauglichkeit zum Käsen empfohlen hat. Man solle nämlich eine Milch auf einem Teller beispielsweise mit Labzusatz ausdicken lassen und dann das Dicket beobachten, wobei das Dicket einer gefährlichen Milch auch dann anders ausfallen wird, als das einer gesunden.

Durch Vereinigung dieser neuen Schatzmannschen Probe mit der Milchgärprobe gelangt *Diethelm* zur *Labgärprobe oder Käsegärprobe*, wie er sie im Gegensatz zur Milchgärprobe nennt. Obwohl er anfangs mit ihr recht zufrieden zu sein scheint, versucht er doch bald, diese Probe mehr der Käsereipraxis anzupassen, glaubt mit höheren Temperaturen arbeiten zu müssen, analog dem Nachwärmen in der Rundkäserei, läßt nach einiger Zeit die Molke von den Käschen ablaufen, trocknet diese zwischen Tüchern und läßt die getrockneten Käschen noch eine Nachgärung im ebenfalls ausgetrockneten Gärglas durchmachen. Die Probe wird dadurch so umständlich, daß es zu verstehen ist, wenn sie in der Praxis keinen Anklang fand und scheinbar in Vergessenheit geriet. Erst der damalige bayerische Konsulent für Milchwirtschaft, *Herz*[29], brachte die Käsegärprobe wieder ans Licht und zu Ehren, indem er anläßlich der ersten Milchschau auf der D.L.G.-Ausstellung zu Düsseldorf im Jahre 1907 neben der Milchgärprobe auch die Labgärprobe in das Beurteilungsschema aufgenommen wissen wollte und zugleich die von *Burstert* hergestellten Tafeln zur Gär- und Labgärprobe beschriftete und herausgab. Heute ist die *Labgärprobe* noch die *beste praktische Probe zur Bestimmung der Käsereitauglichkeit*. Ihre Durchführung geschieht wie folgt: In ein steriles Gärglas mit 50 ccm Fassungsinhalt werden etwa 45 ccm der zu prüfenden Milch und 2 ccm einer Lablösung gegeben. Diese wird hergestellt durch Auflösung einer Hansenschen Labtablette in 500 ccm Wasser unter Zugabe einer Prise Kochsalz. Die Labgärprobe wird 12 Stunden ins Wasserbad von 39° gestellt, das konstante Innehalten dieser Temperatur ist für den Ausfall der Probe von großer Wichtigkeit, Gärapparate mit selbstschaltender elektrischer Heizung des Wassers sind hierfür gut geeignet.

In der Hartkäserei wird die Labgärprobe neben der Kesselmilchprobe angewendet, sie dient hier allerdings mehr zur Prüfung des verwendeten Naturlabes. Es wird dabei je eine Probe der gelabten und ungelabten Milch aufgestellt, ein Vergleich beider Proben läßt auf blähendes Lab schließen, wenn die Kesselmilch normal ausfällt, die Labgärprobe aber nicht.

Eine Abänderung der Labgärprobe versuchte *Bumann* mit dem von ihm konstruierten Apparat zur Käsereitauglichkeitsprüfung der Milch. Die dabei vorgeschriebene Arbeitsweise gleicht sich stark der Technik der Weichkäserei an. Es entstehen durch Verwendung eines Formkastens Proben in Gestalt kleiner Frühstückskäse. Dieser 1923 im Jahresbericht der Württembergischen Käserei-Versuchs- und Lehranstalt Wangen[31] erwähnte Bumann-Apparat wurde kürzlich an hiesiger Anstalt auf seine Brauchbarkeit hin geprüft. *Zeiler* und *Berwig*[62] fanden dabei eine gute Übereinstimmung der Proben dieses Apparates mit der sonst üblichen Labgärprobe, vor allem in der Lochbildung. Sie erwähnen als Vorteil des Apparates, daß die einheitliche Form der Proben die Güte der Milch deutlicher vor Augen führe, und dies sei dann von besonderem Werte, wenn die

Probekäschen den Lieferanten zum Nachweis der Käsereitauglichkeit ihrer Milch vorgelegt werden sollen. Die *umständliche und zeitraubende Arbeitsweise* aber und die verhältnismäßig *großen Milchmengen*, die für die Probe benötigt werden, lassen nach ihren Erfahrungen den Bumann-Apparat für *Massenuntersuchungen als nicht geeignet* erscheinen. *Hammer*[25] beschreibt eine ähnliche Probe zum Nachweis käsereiuntauglicher Milch, den sogenannten „Wisconsin Curd Test".

II. Die Methodik der Keimzählung und der Coli-aerogenes-Bestimmung samt durchgeführten Nebenuntersuchungen.

1. Die Feststellung der Keimzahl von Milch.

Da die Güte der Milch in hohem Grade von den in ihr anwesenden Bakterien abhängt, gehört zu einer Qualitätsbeurteilung die *Feststellung der Keimzahl*; ob es sich dabei um Frischmilch oder um Werkmilch handelt, ist zunächst gleichgültig.

Der Keimgehalt der Milch ist unmittelbar nach dem Melken meist ein geringer, wenn die Milch von gesunden Tieren stammt und das Melken sachgemäß vorgenommen wird. Bei richtiger Milchbehandlung wird er sich dann auch weiterhin in angemessenen Grenzen halten. So gibt uns eine Keimzahlbestimmung den besten Aufschluß über die Art der Gewinnung und Behandlung der Milch. Auf Grund der Tatsache, daß sich in der Keimarmut der Milch auch die sorgfältige Gewinnung und Behandlung widerspiegelt, will, wie *Reimund*[48] berichtet, die Molkereigenossenschaft Stolp nach amerikanischem und englischem Vorbild als erste in Deutschland so weit gehen, ihre Milchbezahlung nur auf den Keimgehalt zu basieren, „so daß es dann der umständlichen Feststellung des Schmutzgehaltes der Temperatur, der Katalase, Reduktase, Leukocyten, Käsereitauglichkeit nicht mehr bedarf".

Die in der Praxis eingeführte indirekte Methode zur ungefähren Keimzahlfeststellung, die Reduktaseprobe, wurde schon erwähnt. Eine andere, ebenfalls indirekte Methode ist die sogenannte *Plattenmethode*, die sich auf *Robert Koch* zurückführen läßt. Es wird dabei mit Hilfe von Nähragar eine Gußkultur von der zu untersuchenden Milch hergestellt, worauf nach einem bestimmten Zeitraum die bei entsprechender Temperatur ausgewachsenen Bakterienkolonien gezählt werden. Gegenüber der Reduktaseprobe bietet die Plattenmethode mancherlei Vorteile. Einmal ist es möglich, den Bakteriengehalt numerisch auszudrücken, dann zeigt die Platte, allerdings nur bis zu einem gewissen Grad, auch die Art der vorhandenen Bakterien an und gewährt die Möglichkeit, Keime zu isolieren. Ein Nachteil ist, daß die Zählung erst nach einiger Zeit, bestenfalls nach 2 Tagen vorgenommen werden kann und daß die erhaltene Keimzahl auch nur eine relative ist, da 1. die Entwicklungsbedingungen nicht für alle Bakterien in gleicher Weise günstig sind und 2. nicht alle entstehenden Keime auch aus einer einzigen Zelle hervorgegangen sind. Zu alledem kommt noch, daß schon eine gewisse Gewandtheit im bakteriologischen Arbeiten und besondere Sterilisationseinrichtungen notwendig sind, um diese Methode einwandfrei durchführen zu können. In der breiten Praxis wird sie sich daher nicht einführen lassen.

Etwas anderes ist es mit der *direkten mikroskopischen Keimzählmethode*, wie sie von *R. S. Breed* ausgearbeitet wurde.

Mit Hilfe dieser direkten Methode ist es möglich, in verhältnismäßig kurzer Zeit, ohne besondere bakteriologische Vorkenntnisse und

Einrichtung einen Einblick in die Zahl und, noch besser als mit der Plattenmethode, auch in die *Art* der in der Milchprobe enthaltenen Keime zu erhalten.

Milch, die wegen hohen Leukocytengehaltes oder Vorhandenseins von Mastitis-streptokokken verdächtig ist, kann im Mikroskop gut erkannt werden. Das Plattenverfahren ermöglicht dies nicht. Freilich hat auch die direkte Methode ihre Nachteile. Tote und lebende Bakterien sind nicht zu unterscheiden, daher ist diese Zählungsweise nur für Rohmilch geeignet. Ferner ist es nur ein kleiner Tropfen Milch, der Aufschluß geben soll über eine im Verhältnis zu ihm ungeheuer große Milchmenge.

In der vorliegenden Arbeit wurde zur Feststellung der allgemeinen Keimzahl ausschließlich die von *Demeter*[14] während der letzten Jahre in Deutschland propagierte mikroskopische Methode nach *Breed* angewendet, da sie sich nach Vorstehendem gut dafür zu eignen schien. Bei einigen tastenden Voruntersuchungen hatte es sich gezeigt, daß für die Keimzählung der von den Lieferanten gebrachten *Werkmilch* in den allermeisten Fällen nicht die Zählung der Einzelkeime, sondern nur die *Gruppenzählung* in Betracht kommen könne. Die Keimzahlen waren, vor allem an amerikanischen Verhältnissen gemessen, sehr hohe. So hätte die Einzelzählung einen viel zu großen Zeitaufwand erfordert, und den gegenüber der Plattenzählung bestehenden Vorteil der mikroskopischen Methode illusorisch gemacht. Es fällt dieser Umstand stark ins Gewicht, wenn es sich um eine größere Anzahl von Proben handelt, die zu bewältigen sind. Freilich muß man dafür auf der anderen Seite wieder in Kauf nehmen, genau wie beim Plattenverfahren, keine absoluten Zahlenwerte zu erhalten, aber selbst bei der Einzelzählung ist die Feststellung der absoluten Keimzahl nur bedingt möglich. Schon *Breed* und *Stocking*[7] bemerken in einer Schrift, daß es sich nicht um exakte Zählungen (counts) im eigentlichen Sinne, sondern mehr um Schätzungen (estimates) handelt, und *Brew*[8] berichtet, daß bis zu 200 bis 300 % Abweichungen beobachtet werden können, wenn ein und dieselbe Milchprobe in verschiedenen wohlorganisierten Laboratorien auf Keimzahl untersucht wird.

Auf die Methode der Keimzahlfeststellung nach *Breed* genauer einzugehen erübrigt sich. Es sei auf die entsprechende Spezialliteratur, die leicht zugänglich ist[14], hingewiesen.

In den Sommermonaten kamen nun verschiedentlich Milchen zur Anlieferung, die einen so hohen Keimgehalt aufwiesen, daß es selbst mit Hilfe der Gruppenzählung nicht mehr möglich war, diesen festzustellen.

Für Milchproben, die bei der mikroskopischen Keimzählung in einem einzigen Gesichtsfelde schon mehr als 40—50 Gruppen zeigen, also mindestens 12 Millionen Keime je Kubikzentimeter besitzen, ist der sonst übliche Ausstrich von 0,01 ccm nicht mehr brauchbar.

Es bestehen zwei Wege, in solchen Fällen die Keimzählung doch noch zu ermöglichen: Einmal der der Verdünnung von 1 ccm der fraglichen Milch mit 9 ccm sterilen Wassers und Verarbeiten dieser um das 10fache verdünnten Milch wie sonst üblich, oder das Abpipettieren von nur 0,001 ccm Milch, wozu eine in 0,001 ccm untergeteilte Serumpipette geeignet ist.

Der Einfachheit halber wurde das zweite Verfahren angewendet. Dabei war mitbestimmend auch der Grund, daß sich dieses unter Umständen auch in der Praxis leichter durchführen läßt, wenn auch steriles Wasser und sterile Geräte bei der mikroskopischen Methode nicht gerade unbedingt notwendig sind. Für die Zwecke der Praxis würde es an und für sich schon genügen, bei solchen Milchen die bloße Tatsache des überaus großen Keimgehaltes zu erkennen. Wir haben uns im vorliegenden Falle nur deshalb weiterhin bemüht, eine ungefähre Zahl festzustellen, weil sie für die weiteren Untersuchungen evtl. brauchbar schien.

Bei Herstellung des Ausstriches von nur 0,001 ccm Milch ist es erschwert, diesen möglichst gleichmäßig herzustellen. Es ist besonders bei dem Entfernen der zum Ausstreichen verwendeten Nadel darauf zu achten, daß diese nicht mit ihrer ganzen Länge auf einmal, sondern mit der Spitze zuletzt vom Präparat abgehoben wird, da sich sonst eine größere Milchmenge an der Abhebestelle zusammenzieht. Wenn der getrocknete Ausstrich vor dem Verbringen in die Newmansche Lösung I erst noch mit 96proz. Alkohol fixiert wird, so trägt dies zur Gewinnung eines guten Bildes wesentlich bei.

Um zu sehen, wie die Ergebnisse der Zählung bei einem Ausstrich von 0,01 und 0,001 ccm derselben Milch übereinstimmen, wurde von verschiedenen Milchproben, bei denen ein hoher, aber auch mit Hilfe der gewöhnlichen Ausstrichmenge noch feststellbarer Keimgehalt zu erwarten war, beide Ausstriche gefertigt. Es zeigte sich dabei folgendes Ergebnis:

Tabelle 1. *Vergleich zwischen Keimzahlen, die nach der Breed-Methode mittels Anwendung von 0,01 und 0,001 ccm Pipetten erhalten wurden.* (Die Zahlen in den beiden mittleren Spalten stellen den durchschnittlichen Gehalt an Keimgruppen je Kubikzentimeter Milch dar.)

Proben Nr.	0,01 ccm Ausstrich	0,001 ccm Ausstrich	Verhältnis der Ausstr., wenn 0,01 ccm = 1
1—15	4945000	9130000	1:1,85
16—30	6858000	11678000	1:1,70
31—45	10782000	16278000	1:1,51

Der Ausstrich von 0,001 ccm brachte durchweg höhere Keimzahlen; die größeren Zellhaufen sind im Gesichtsfeld jeweils besser verteilt, was wohl zur Begründung der höheren Keimzahl gegenüber dem 0,01 ccm-Ausstrich dienen kann. Es scheinen sich jedoch die Ergebnisse der beiden Ausstriche einander mit zunehmender Keimzahl zu nähern, wie das mit der Höhe der Keimzahl enger werdende Verhältnis in der letzten Spalte der Tabelle dies andeutet. So können die bei den außerordentlich keimreichen Milchen mit Hilfe des 0,001 ccm-Ausstriches gewonnenen Keimzahlen, ohne zu große Fehler zu begehen, wie die des gewöhnlichen Ausstriches verwendet werden.

Früher glaubte man nun, daß bei dieser Art des Zählens (Gruppenzählung) Werte erhalten würden, die sich den mit der Plattenmethode gefundenen am meisten nähern; denn bei dieser Methode erschienen die Bakteriengruppen ja auch als Einzelkolonien.

Brew und *Dotterer*[9] fanden aber bei vergleichenden Keimzählungen von 643 Proben unpasteurisierter Marktmilch durch die mikroskopische und die Plattenmethode, daß bei 19% aller Zählungen die Plattenzählung geringere Werte ergab als die Gruppenzählung, *in allen übrigen Fällen aber die Werte der Plattenzählung höher waren als die der mikroskopischen Gruppenzählung*, 27% der Plattenwerte übertrafen sogar die Ergebnisse der *Einzelzählung*.

Breed und *Stocking*[7] berichten, daß der *Enddurchschnitt der Gruppenzählung niedriger als der der Plattenzählung* liege, während der *Enddurchschnitt der Einzelzählung höher sei als der aller anderen Zählungen*. Dieses Ergebnis erhielten sie sowohl bei den von ihnen mit Bact. coli beimpften Milchproben als auch beim Untersuchen unbeimpfter Milch mit einer gemischten Flora. Da Bact. coli meistens einzeln und nur selten in größeren Klumpen in der Milch zu finden ist, ist es bei Einimpfung in sehr keimarme Einzelmilch nach Angabe der Verfasser erleichtert, Einzelzählungen wie Gruppenzählungen durchzuführen. Von den 21 von ihnen untersuchten unbeimpften Milchproben gaben 13 Proben (= 62%) bei der *Plattenzählung* die zu erwartende *höhere Keimzahl gegenüber der Gruppenzählung*.

Brew und *Dotterers* Zählungen wurden später von *Brew*[8] variationsstatistisch ausgewertet. Dabei ergab sich, daß die *Regelmäßigkeit der Übereinstimmung* zwischen den Ergebnissen der mikroskopischen *Gruppenzählung* und der *Plattenmethode* am *schlechtesten* ist. Die Ursache hierfür wird hauptsächlich damit begründet, daß es 1. zu sehr der Willkür des Mikroskopierenden überlassen ist, was er als Bakteriengruppen ansprechen will, 2. daß die verschiedenen Organismen im Agar nicht die gleichen Lebensbedingungen finden und daß 3. bei Herstellung der Verdünnungen für die Agarplattenzählung ein stärkeres Auseinanderbrechen der Bakteriengruppen stattfindet als beim Ausstreichen auf dem Objektträger. Dadurch erhöht sich insbesondere die Zahl der Kolonien bei der Plattenmethode.

Brew weist noch darauf hin, daß die *Übereinstimmung* der beiden Keimzahlbestimmungsmethoden als solcher auch von der *Höhe des Gesamtbakteriengehaltes der zu prüfenden Milch abhängig ist*. Die Übereinstimmung sei um so größer, je keimärmer die Milch ist. Bei Milchen mit geringen Keimzahlen sei die Plattenmethode die zuverlässigere.

Als Nebenuntersuchung vorliegender Arbeit wurden von 195 Milchproben jeweils die Keimzahlfeststellung nach der Plattenmethode und der direkten mikroskopischen Methode unter Anwendung der Gruppenzählung vorgenommen. Die Plattenzählung wurde auf Fleischextraktpeptonagar von folgender Zusammensetzung durchgeführt: Liebigs Fleischextrakt 0,3%, Pepton Witte 0,5%, Agar 1,5%, destilliertes Wasser, Einstellen des fertigen Agars auf p_H 6,4—6,8.

Nach der von *Demeter*[15] angegebenen Verdünnungsmethode wurden je nach der zu erwartenden Keimzahl Verdünnungen von 1:100 bis 1:1000000 hergestellt. Die Bebrütung der Platten erfolgte 5 Tage bei 20° und anschließend 2 Tage bei 37°. Ausgezählt wurden nach Möglichkeit nur Platten, die zwischen 20 und 300 Kolonien zeigten. Von jeder Verdünnung wurden Duplikate hergestellt.

Tabelle 2. *Verhältnis der Gruppenzählung nach Breed zur Plattenzählung.*

I	II	III	IV	V	
				Häufigkeit des Verhältnisses Gr.-Z. > Pl.-Z.	
Proben Nr.	Mittelwert der Gruppen-zählungen	Mittelwert der Platten-zählungen	Verhältnis der Gr-Z. : Pl.-Z.	Zahl d. Proben	%
1— 49	360245	339245	1:0,94	34	69,39
50— 98	976633	1187082	1:1,22	25	51,02
99—147	2125632	3734817	1:1,76	19	39,78
148—195	5764645	10029645	1:1,74	20	42,67
Enddurchschn. 1-195	2289056	3791000	1:1,66	98	50,26

Aus der Tabelle 2 sind die wichtigsten Ergebnisse dieser vergleichenden Zählungen ersichtlich. Wenn auch der *Enddurchschnittswert* bei der Platten-zählung den der Gruppenzählung um das 1,66fache übertrifft (Kolumne IV), so wurde dennoch hinsichtlich der *Häufigkeit** bei 98 Proben (rund der Hälfte, Kolumne V) durch die Gruppenzählmethode eine höhere Keimzahl als mit der Plattenmethode gefunden. Am häufigsten sind die Abweichungen vom Gesamtdurch-schnittswert: Gruppenzahl<Plattenzahl bei der Gruppe der Milch mit niedriger Keimzahl zu beobachten (Proben 1—49). Sie betragen dort über 69%. Auch liegt der Durchschnittswert der Gruppenzählung selbst, wenn auch nur um Geringes, über der Plattenzählung. Es ist dies erklärlich, da die Gruppenzählung bei Milchproben, die nur wenig Keime enthalten, sich schon mehr der Zählung von Einzelindividuen nähert, die *Einzelzählung aber höhere Werte gibt als die Plattenzählung.* Daß diese vergleichenden Zählungen untereinander nicht so gut wie die amerikanischen Ergebnisse übereinstimmen, ist nicht verwunderlich, wenn man beachtet, daß hier angestrebt wurde, die Zählungen nicht anders durchzuführen, wie dies auch bei der praktischen Milchkontrolle einigermaßen geschehen kann. Aus den ameri-kanischen Arbeiten aber geht hervor, daß, fast möchte man sagen, auf Keim-zählungen jahrelang dressierte Hilfskräfte diese Zählungen ausführten, daß bis zu 100 Feldern je Milch gezählt, daß eigene Okulareinteilungen benutzt wurden, und daß bei der Plattenzählung jede Verdünnung in dreifacher Ausführung ge-gossen wurde. Bei alledem fanden, wie schon erwähnt, *Breed* und *Stocking* bei Untersuchung gewöhnlicher Marktmilch auch nur bei 13 Proben von 21 die er-wartete höhere Keimzahl bei der Plattenzählung.

Aus den Ergebnissen der angeführten Autoren und den eigenen Unter-suchungen ist zu folgern, daß die mikroskopische *Gruppenzählung*, so wie sie in der Praxis angewendet werden könnte, keine so genauen Werte gibt, daß sie sich zur Bestimmung des Keimgehaltes von *Vorzugs-milch* und überhaupt von Proben mit geringem Keimgehalt eignen würde. In diesem Falle sind sie *besser durch die Plattenmethode* zu erhalten. Trotzdem kann die mikroskopische Gruppenzählung, vor allem in *Verarbeitungsmolkereien*, eine *wertvolle Hilfe zur Erkennung der Güte der von den einzelnen Lieferanten angelieferten Werkmilch* sein, da sie einen verhältnismäßig raschen Einblick in die Zahl und Art der in der Milch enthaltenen Keime gewährt.

* Die Häufigkeit des Auftretens ist von der absoluten Höhe des Gesamt-durchschnittswertes unabhängig.

2. Die Bestimmung der Angehörigen der Coli-aerogenes-Gruppe in Milch.

Die in der Praxis üblichen Proben zur Feststellung der Käsereitauglichkeit, die Gär- und Labgärprobe, beruhen im wesentlichen auf dem Nachweis der durch die Coli-aerogenes-Keime hervorgerufenen fehlerhaften Gäranlagen der Milch. Es zeigt dies, welche Wichtigkeit also auch die Praxis diesen aus Milchzucker Gas und aus Eiweiß übelriechende Abbauprodukte bildenden Bakterien beimißt. Auf die Notwendigkeit bei der biologischen Milchkontrolle auch den Coli-aerogenes-Titer einzuführen, hat besonders *Demeter*[16, 17] in der letzten Zeit des öfteren hingewiesen.

Der biologische Nachweis der Angehörigen der Coli-aerogenes-Gruppe insgesamt gründet sich auf die ihnen eigene Fähigkeit, aus Milchzucker Säure und Gas (CO_2 und H_2) zu bilden. Die Fähigkeit, aus Eiweißstoffen (Tryptophan) Indol zu bilden, ist auf das typische Bacterium coli beschränkt. Es gibt bis heute leider keine genügend sichere Methode, Bact. coli und Bact. aerogenes voneinander zu unterscheiden, da viele Übergänge zwischen beiden vorkommen. Letzten Endes sind beide Keimarten für die Milchwirtschaft in gleicher Weise schädlich und es wird deshalb in den seltensten Fällen eine strenge Trennung zwischen ihnen vorgenommen, sondern sie werden in der Regel zusammengefaßt.

Von anderen in Milch vorkommenden Bakterien bildet auch Bact. proteus Indol, aber die Indolbildung geht bei ihm viel langsamer vor sich, so daß Indolbildung schon innerhalb der ersten 24 Stunden doch ein sicheres Zeichen von Anwesenheit des Bact. coli in der Milch ist. Aber die Indolbildung der Colibakterien ist keine konstant charakteristische Eigenschaft, denn es gibt auch atypische Colibakterien ohne Indolbildungsvermögen, so daß die Abwesenheit von Coli nicht immer durch einen negativen Ausfall der Indolprobe ausgedrückt wird. Bact. aerogenes bildet nach *Lehmann-Neumann*[40] wohl Indol-Essigsäure, aber kein Indol, es kann also durch die Indolreaktion nicht erfaßt werden. Man wird schon aus diesem Grunde jenen Methoden den Vorzug geben, die sowohl Bact. coli als auch Bact. aerogenes nachweisen. Es ist dies die Bestimmung der Milchzuckervergärung unter Gas- und Säurebildung. Gleichwohl wurde bei den Versuchen auch die Indolbildung mit in Betracht gezogen.

Für den *Indolnachweis* am meisten eingeführt ist die Ehrlichsche Probe in der Modifikation von *Pringsheim*. Man impft die zu untersuchende Milch in abfallender Konzentration (bis zu $^1/_{100\,000}$) in Röhren mit Trypsinbouillon nach *Neisser* und *Frieber*[41]. In dieser ist das Pepton durch Andauung teilweise zu Tryptophan abgebaut und dadurch eine günstige Vorbedingung für die Indolbildung geschaffen.

Die Röhrchen werden, um auf Bact. coli zu prüfen, nur 24 Stunden bei 37° bebrütet, um dann mit Hilfe des Ehrlich-Pringsheimschen Reagens die stattgefundene Indolbildung nachzuweisen. Die Zusammensetzung und Anwendung des Reagens ist folgende: p-Dimethylamidobenzaldehyd 5 g, Methylalkohol 50 ccm, konz. HCl 40 ccm. Bei Zugabe von 5—10 Tropfen dieses Reagens zu 3—5 ccm Kulturflüssigkeit erhält man, wenn indolpositive Bakterien in der eingeimpften Milch waren, eine deutliche kirschrote Färbung, bei negativem Ausfall behält die Bouillon ihre eigene Farbe.

Eine Verbesserung der Ehrlich-Pringsheimschen Methode schlägt *Kovàcs*[34] vor. Er ändert das Indolreagens dahin ab, daß er den p-Dimethylamidobenzaldehyd statt in Methylalkohol gleich in Amylalkohol löst.

Sein Indolreagens ist dann von folgender Zusammensetzung: p-Dimethylamidobenzaldehyd 5 g, Amylalkohol reinst 75 ccm, konz. HCl 25 ccm. Wenn nicht reinster Amylalkohol verwendet wird, bekommt das Reagens schon gleich bei der Herstellung eine rötliche Farbe und ist somit zum Nachweis einer stattgefundenen Indolbildung unbrauchbar. Von zwei verschiedenen Firmen bezogener Amylalkohol „pro an" bezeichnet, war nicht zu gebrauchen, nur ein Amylalkohol puriss. iso von Merck befriedigte.

Als Nährflüssigkeit empfiehlt *Kovàcs* einfache Fleischbouillon mit 1% Pepton Witte; der Kultur sollen 25—30 Tropfen des Reagens zugegeben werden, nach mehrmaligem Schwenken — jedoch ohne Schütteln — nimmt die überstehende Flüssigkeit spätestens nach einigen Minuten eine rotviolette Farbe an. Das Ablesen der Reaktion soll wegen evtl. Nachdunkelns von negativen oder Aufhellens von positiven Proben mindestens innerhalb 1 Stunde vorgenommen werden. Indolnegative Stämme gaben bei Versuchen, die *Kovàcs* damit ausführte, niemals eine auch nur fragliche Reaktion.

Weitere vergleichende Versuche mit dem Ehrlich-Pringsheimschen und Kovàcsschen Indolreagens hat *Demeter* durchgeführt[16], wobei er neben Trypsinbouillon und Fleischextraktbouillon mit 1% Pepton auch *Kuczinskys* Spezialnährboden für anspruchsvollere Bakterien (Standard I Merck) verwendete. Es zeigte sich, daß sich mit Kovàcs-Reagens *sofort* und *bei allen Nährböden* eine einwandfreie kirschrote Färbung erzeugen läßt, auch in den Fällen, wo das Resultat mit dem Ehrlich-Pringsheimschen Reagens zunächst zweifelhaft ist. Dies war bei der Fleischextraktbouillon der Fall, indem mit erstgenanntem Reagens bei nachfolgender Amylalkoholausschüttelung die positive Reaktion erst nach einigen Stunden deutlich wurde. Als Kulturflüssigkeit hat sich bei Verwendung von Kovàcs-Reagens nach *Demeters* Versuchen die Standard-I-Bouillon nach *Kuczinsky* der Trypsinbouillon nach *Neisser* und *Frieber* mindestens ebenbürtig erwiesen. Da sich ferner gezeigt hat, daß diese Kuczinsky-Bouillon sogar bei 4facher Verdünnung noch für das Gelingen der Indolprobe vollständig genügend ist, dürfte sie wegen der einfacheren Herstellung und ihrer Billigkeit infolge der Verdünnung sowohl der Trypsinbouillon als auch der Fleischextraktpeptonbouillon vorzuziehen sein. Der Vollständigkeit halber muß allerdings noch angegeben werden, daß sich nach *Demeters* Untersuchungen die Unterschiede in den Resultaten mit beiden Reagenzien fast völlig verwischten, wenn dem Ehrlichschen Reagens Zeit gelassen wurde, unter nachträglicher Zufügung von Amylalkohol genügend lange einzuwirken. Es bestehen also tatsächlich keine qualitativen, sondern nur Intensitätsunterschiede mit der Zeit als maßgebendem Faktor.

Weitere vergleichende Untersuchungen mit verschiedenen Indolnachweismethoden wurden von *Lapinsky*[39] und *Thoemke*[52] ausgeführt mit ähnlichen Resultaten. *Thoemke* fand, daß *Kovàcs'* amylalkoholisches Reagens auf Indol demjenigen von *Zipfel* überlegen ist, wenn gewöhnliche Fleischpeptonbouillon verwendet wird, während *Lapinsky* zu dem Schlusse kam, daß beide Reagenzien gleichwohl zum Ziele führen, wobei aber dem Reagens von *Kovàcs* gegenüber dem Ehrlichschen der Vorzug der größeren Bequemlichkeit und Einfachheit gebühre.

Bei den Versuchen zur biologischen Feststellung der Käsereitauglichkeit von Milch nach verschiedenen Methoden wurde bei 250 Milchen auch die Prüfung auf Indol mit einbezogen, und zwar wurde dazu als Kulturflüssigkeit durchlaufend Trypsinbouillon benutzt. Neben dieser wurden auch die beiden anderen genannten Nährflüssigkeiten auf Übereinstimmung mit ersterer geprüft. Die Versuchsreihe I umfaßt 150 Proben, bei denen neben Trypsinbouillon die von *Kovàcs* vorgeschlagene Fleischextraktpeptonbouillon zum Nachweis von Indol diente. 145 Proben (= 97%) zeigten sich als indolpositiv. Diese Proben fielen vorwiegend in die Sommermonate. In einer zweiten Versuchsreihe, 100 Proben umfassend, kam neben der Trypsinbouillon auch die oben genannte Kuczinsky-Bouillon in vierfacher Verdünnung zur Anwendung: 87% der Proben waren hier indolpositiv. Die Untersuchungen wurden zu Beginn des Winters unternommen. Die nachstehende Zusammenstellung der Ergebnisse läßt die *Überlegenheit der Trypsinbouillon* zum Indolnachweis bei *Milch — Kovàcs* und *Demeter* arbeiteten bei ihren Versuchen mit Reinkulturen — gegenüber der Fleischextraktbouillon und auch der vierfach verdünnten Kuczinsky-Bouillon deutlich in Erscheinung treten.

Versuch über Verwendung verschiedener Nährflüssigkeiten zum Indolnachweis.

Versuchsreihe I:

		Proben-zahl	%
Indolbildung in Tr.B. in höherer Verdünnung positiv als in Fl.P.B.		57	39,3
„ in Tr.B. und Fl.P.B. bis zur gleichen Verdünnung posit.		43	29,7
„ in Tr.B. in nicht so hoher Verdünnung positiv als in Fl.P.B.		45	31,0

Versuchsreihe II:

	Proben-zahl	%
Indolbildung in Tr.B. in höherer Verdünnung positiv als in Ku.B.	42	48,3
„ in Tr.B. und Ku.B. bis zur gleichen Verdünnung pos.	27	31,0
„ in Tr.B. in nicht so hoher Verdünnung positiv als in Ku.B.	18	20,7

Verwendet wurde als Indolreagens anfänglich sowohl das *Ehrlich-Pringsheim*sche als das von *Kovàcs;* da aber besonders in den Röhren, in die 0,1 ccm Milch eingeimpft worden war, das letztere die Indolbildung deutlicher anzeigte, wurde es später ausschließlich benützt. Die Trübung der Bouillon durch die Milch und bei Kuczinsky-Bouillon noch dazu die goldgelbe Eigenfarbe der Flüssigkeit überdeckten häufig die mit dem Ehrlich-Pringsheimschen Reagens mitunter entstehende rosa Farbe oder ließen sie mindestens fraglich erscheinen. Mit Hilfe der Amylalkoholextraktion hätte man diese wohl nach längerer Zeitdauer sichtbar machen können, es wurde aber dann der Einfachheit halber mit dem sofort wirkenden Kovàcs-Reagens gearbeitet.

Da die Indolreaktion nur die typischen Colistämme in einer Milch anzeigt, Stämme aber mit Übergängen zum Bact. aerogenes und diese selbst durch sie nicht erfaßt werden, ist der *Nachweis der Gasbildung aus Milchzucker* für die Bestimmung der Coli-aerogenes-Gruppe in der Käsereimilch der wichtigere. Es ist dazu der von *Kessler* und *Swenarton*[32] empfohlene flüssige Nährboden: Gentianaviolett-Lactose-Pepton-

Galle-Wasser, und die von *Klimmer, Haupt* und *Borchers*[33] angegebene Lactose-Trypaflavin-Bouillon geeignet.

Kessler und *Swenarton* benützen bei ihrem Nährboden die Eigenschaft von Gentianaviolett, in bestimmter Konzentration auf Bakterienwachstum hemmend zu wirken; durch Zufügen von Rindergalle wird diese wachstumshemmende Eigenschaft für die Vertreter der Coli-aerogenes-Gruppe aufgehoben. Hiermit wird eine Elektivkultur dieser Organismen geschaffen und das Auftreten von Gas ist dann ein sicheres Zeichen für die Anwesenheit von Keimen dieser käsereischädlichen Gruppe in der Milch.

Der Nährboden wird folgendermaßen hergestellt: Ein Liter destilliertes Wasser wird im Wasserbade oder Dampftopf erhitzt und dann 50 g Rindergalle und 10 g Pepton hinzugegeben. Nach kräftigem Umrühren wird 1 Stunde gekocht und anschließend 10 g Lactose hinzugefügt. Nach Lösung derselben wird die Bouillon mittels Natronlauge auf Phenolphthaleinneutralität (schwachrosa) eingestellt und filtriert. Hierauf erfolgt erst die Zugabe des Farbstoffes, 4 ccm einer 1 proz. Lösung von Gentianaviolett, das entspricht einer Farbstoffkonzentration von 1:25 000. Der fertige Nährboden wird in Durham-Röhrchen gefüllt; diese bestehen aus einem Reagensglas von normaler Größe, in das ein entsprechend kleineres umgekehrt zum Auffangen des Gases hineingestellt ist.

Der Klimmersche Nährboden setzt sich aus folgender Grundbouillon zusammen: Liebigs Fleischextrakt 10 g, Pepton Witte 10 g, Lactose 10 g, Kochsalz 5 g, dest. Wasser 1000 ccm, eingestellt auf p_H 7,2. Dieser wird zur Hemmung der gramfesten Bakterien Trypaflavin in einer Dichte von 1:100 000 zugegeben, 1 ccm einer 1 proz. wässerigen Lösung auf 1 l Nährboden. Trypaflavin ist ein Acridinfarbstoff von stark antiseptischer Wirkung.

Schon lange in die bakteriologische Technik eingeführt sind die *Schüttelkulturen*, die zum Nachweis von Gasbildung durch Bakterien dienen sollen. Man impft die zu untersuchende Kultur in Röhren mit verflüssigtem Zuckeragar ein, verteilt die Keime durch Schütteln darin, läßt den Agar dann erstarren und bebrütet, wenn es sich um Coli-aerogenes-Kulturen handelt, bei 37°.

In unserem Falle wurde in einigen Vorversuchen die zu prüfende Milch in gewöhnlichen Lactoseagar geimpft, dem gleichzeitig zum Nachweis entstehender Säuerung Bromkresolpurpur beigegeben war. Dabei zeigte sich häufig, daß in den Röhren mit 1 ccm und häufig auch noch mit 0,1 ccm Milchbeimpfung wohl eine starke *Säuerung* auftrat, die *Blähung* dagegen *unterblieb;* erst bei der 0,01 ccm- und 0,001 ccm-Verdünnung machte sich die Blasenbildung oder Zerreißung des Zuckeragars bemerkbar. Da der Gasbildungsnachweis aber in der Praxis bei Kontrolle in Molkereien mit Hilfe der Anlage von Schüttelkulturen in festen Nährböden leichter und bequemer vorgenommen werden kann — wegen des leichteren Versendens oder Mitführens der Röhren —, wurde versucht, die Unsicherheit der Schüttelkultur bei Verwendung von gewöhnlichem Lactoseagar dadurch zu beheben, daß die beiden oben beschriebenen flüssigen Spezialnährböden von *Kessler* und *Swenarton* und von *Klimmer* durch Zusatz von 1,5% Agar in feste, für Schüttelkulturen brauchbare Nährböden verwandelt wurden. Nach *Klimmer, Haupt* und *Borchers*[33] hat sich bei Verwendung von festen Nährböden zur Hemmung der grampositiven Keime ein Trypaflavinzusatz im Verhältnis 1:20 000, 5 ccm einer 1 proz. wässerigen Trypaflavinlösung auf 1 l Nährboden, am wirksamsten erwiesen, ohne das Wachstum der Coli-aerogenes-Keime zu beeinträchtigen. Es wurde daher bei den Trypaflavin-Lactoseagarschüttelkulturen diese größere Dichte angewendet. Die Konzentration des Gentianavioletts wurde für Agar unverändert gelassen.

Ein Versuch über die Brauchbarkeit der verschiedenen bisher genannten Nährböden unter Einbeziehung der Indolprobe in Trypsinbouillon wurde bei 20 Milchproben durchgeführt. Die dabei angegebene wahrscheinliche Colizahl wurde nach den von *Mc.Crady* ausgearbeiteten Tabellen für die mathematische Auswertung von Gärproben bestimmt, deren Anwendung sich nach den Angaben *Demeters*[16] auch für die Bestimmung des Coli-aerogenes-Titers vorteilhaft erweist.

Bei Herstellung der Verdünnungen sind dafür *mindestens zwei Parallelröhren* notwendig. Werden mehrere angelegt, so werden die Resultate genauer, die höchstgewählte Verdünnung soll steril bleiben. Die Verdünnungen sind dann x ccm, 0,1 x ccm, 0,01 x ccm, 0,001 x ccm usw., wobei x die Anzahl der angestellten Parallelröhrchen bedeutet. Die Ergebnisse werden nun in der Weise registriert, daß man die Anzahl der positiven Parallelröhrchen bei jedem Verdünnungssatz feststellt. Haben wir z. B. je zwei Parallelröhren (x = 2), dann würde die Zahl 22100 bedeuten, daß von den 1 ccm- und 0,1 ccm-Röhren beide positiv waren, daß von den 0,01 ccm nur eine und von den folgenden keine einzige positiv war. Die für die Berechnung in Betracht kommende Zahl ist dann jene der 2., 3. und 4. Verdünnung, nämlich 210. Dieses ist die sogenannte Stichzahl (significant number) und sie fußt auf derjenigen Verdünnung, bei der noch alle Röhren positiv waren, und den nächsten zwei.

Es kann auch der Fall eintreten, daß von den ersten Verdünnungen nicht alle Röhren positiv sind, so daß wir z. B. die Zahl 110 haben, dann bleibt trotzdem 110 die Stichzahl. Gelegentlich mag auch der Fall eintreten, daß man eine vierstellige Zahl erhält, z. B. 2101. In diesem Falle rechnet man die letzte 1 zu der vorhergehenden Ziffer und betrachtet dann 211 als Stichzahl, ohne einen merklichen Fehler zu machen. In der folgenden Tabelle von *Mc.Crady* ist die Stichzahl und daneben „die wahrscheinliche Zahl" pro Volumeneinheit bei Anlegen von 2 Parallelröhren einer jeden Verdünnung angegeben.

Tabelle 3. *Auswertung des Coli-Titers nach Mc.Crady.*

Stichzahl	Wahrscheinliche Zahl der Organismen	Stichzahl	Wahrscheinliche Zahl der Organismen	Stichzahl	Wahrscheinliche Zahl der Organismen
000	0,0	110	1,3	211	13,0
001	0,5	111	2,0	212	20,0
010	0,5	120	2,0	220	25,0
011	0,9	121	3,0	221	70,0
020	0,9	200	2,5	222	110,0
100	0,6	201	5,0		
101	1,2	210	6,0		

Beispiel: Ist die gefundene Stichzahl 210, so ist in der Tabelle dafür als wahrscheinliche Zahl 6,0 abzulesen. Dieser ist zugrunde gelegt jene Verdünnung, bei der noch alle Parallelröhren positiv waren, beispielsweise die 0,1 ccm-Verdünnung. Also müssen wir die gefundene wahrscheinliche Organismenzahl von 6,0 mit 10 multiplizieren und wir erhalten 60 Keime pro Kubikzentimeter.

Tabelle 4.

Coli-aerogenes-Nachweis durch Indolreaktion und durch Gasbildung in verschiedenen Nährböden bei Verwendung von 2 Parallelröhren einer jeden Verdünnung, ausgewertet nach Mc.Crady.

Probe Nr.	Indolreaktion		Gentianaviolett-Galle-Bouillon		Trypaflavin-bouillon		Gentianaviolett-Galle-Agar		Trypaflavinagar	
	Posit. Röhren	Wahrscheinl. Zahl	Posit. Röhren	Wahrscheinl. Zahl	Posit. Röhren	Wahrscheinl. Zahl	Posit. Röhren	Wahrscheinl. Zahl	Posit. Röhren	Wahrscheinl. Zahl
1	(2) 2100*	60	22210*	600	22210*	600	22100*	60	22100*	60
2	(2) 2000	25	22000	25	22000	25	20000	2,5	21000	6
3	(2) 1000	6	22000	25	22100	60	22000	25	22000	25
4	(2) 1200	20	21200	20	22000	25	22000	25	22000	25
5	(?) 0000	—	20000	2,5	10000	0,6	10000	0,6	10000	0,6
6	(2) 2210	600	22221	7 000	22220	2 500	22200	250	22200	250
7	(2) 2100	60	22200	250	22210	600	22200	250	22210	600
8	(2) 1000	6	21000	6	10000	0,6	22000	25	20000	2,5
9	(2) 2220	2 500	22220	2 500	22201	500	22200	250	21100	13
10	(2) 2000	25	22000	25	22200	250	22000	25	22000	25
11	(2) 2200	250	22000	25	21000	6	21000	6	21100	13
12	(2) 2110	130	22211	1 300	22211	1 300	22000	25	22200	250
13	(2) 210	60	22110	130	22200	250	22000	25	210000	6
14	(?) 000	—	22220	2 500	22200	250	22000	25	220000	25
15	(2) 2210	600	22220	2 500	22210	600	22210	600	222000	250
16	(2) 2200	250	22220	2 500	22220	2 500	22200	250	22210	600
17	(2) 2221	7 000	22220	2 500	22220	2 500	22200	250	22210	600
18	(?) 0000	—	22220	2 500	22210	600	22100	60	22010	50
19	(2) 1100	13	22100	60	22210	600	22000	25	22200	250
20	(2) 2200	2 500	22210	600	22210	600	22200	250	22200	250
Sa.	14 105		25 068,5		13 767,2		2429,1		3 301,1	
Durchschnitt		829,7		1 253,4		688,3		121,4		165,0

* Die unterstrichenen Ziffern ergeben die Stichzahl. — Die in Klammern gesetzten Zahlen sind willkürlich angenommen, doch darf man mit Recht voraussetzen, daß sich die Proben, falls sie mit 1,0 ccm Milch angesetzt worden wären, auch positiv verhalten hätten.

Beim Vergleich der im Durchschnitt von 20 Proben erhaltenen wahrscheinlichen Colizahlen, s. Tab. 4, ergibt sich, wenn man die mit Gentianaviolett-Galle-Bouillon und Trypaflavinbouillon erhaltenen Werte berücksichtigt, eine durchschnittlich 1,82fache Überlegenheit des ersteren, d. h. es werden mittels Gentianaviolett-Lactose-Gallewasser fast doppelt soviel Keime erfaßt wie mit Trypaflavin-Lactose-Bouillon*. Bei der Gegenüberstellung der beiden Nährböden in fester Form kehrt sich das Verhältnis der durch den Gentianaviolett-Lactose-Galle-Nährboden zu dem durch den Trypaflavinnährboden gewonnenen Wert mit 0,72:1 um. Stellt man ein und denselben Nährboden jeweils in flüssiger und in fester Form zum Vergleich, so ergibt sich wohl beim Gallenährboden als auch beim Trypaflavinnährboden eine Überlegenheit der flüssigen mit dem 10,35fachen bei ersterem und dem 4,17fachen bei letzterem.

Wenn Gallebouillon, soweit man dies auf Grund von 20 Proben folgern kann, auch der Trypaflavinbouillon etwas überlegen scheint, so hat diese wiederum den Vorzug der einfacheren Herstellung und konstanteren Zusammensetzung wegen des Wegfalles der Rindergalle. Daß bei der für die Praxis geeigneteren festen Nährbodenform der Trypaflavin-Lactose-Agar etwas bessere Ergebnisse lieferte als der Gentianaviolett-Galle-Lactose-Agar und zudem beim Trypaflavinnährboden die Ergebnisse des festen und flüssigen Kultursubstrates näher beieinanderliegen, läßt ihn weiterhin als für die Praxis geeigneter erscheinen.

Indolprobe: Von den in diesem Versuche geprüften Milchproben waren 17 (= 85%) indolpositiv, d. h. sie gaben von der 0,1-ccm-Verimpfung ab eine positive Indolreaktion.

Um eine solche bei der 0,1-ccm-Verimpfung sicher zu erhalten, empfiehlt es sich, das Doppelte der sonst üblichen Kulturflüssigkeit, also etwa 10 ccm, in die Röhrchen abzufüllen. Bei Verimpfung von 1 ccm Milch wird man selbst bei dieser erhöhten Nährflüssigkeitsmenge nur in den allerseltensten Fällen eine deutlich positive Reaktion erhalten, wenn auch die Röhren der höheren Verdünnungen eine solche anzeigen**.

Der durch die Indolprobe unter Verwendung von Trypsinbouillon gefundene Durchschnittswert an Coliorganismen steht in der Mitte zwischen den durch Gasbildung in Gallebouillon und Trypaflavinbouillon gefundenen Werten. Dies ist insofern ein eigenartiger Befund, als sich in der Milch vielfach mehr Aerogenes- als Colibakterien finden und daß man demzufolge mit dem Gasbildungsnachweis eine wesentlich höhere Keimzahl erwarten müßte, als mit dem mehr spezifi-

---

* Nach Abschluß unserer Arbeit erschien ein Beitrag von *Salle* [J. Bacter. **20**, 381—406 (1930)], worin dieser die Gentianaviolettnährböden als zu wenig elektiv kritisiert; denn es würden durch diesen Farbstoff solche Organismen, die eine positive Probe vortäuschen können (aerobe Sporenbildner und Staphylokokken), nicht immer mit Sicherheit ausgeschaltet. Vielleicht mag dieser Umstand in unserem vorliegenden Falle dazu beigetragen haben, daß bei Verwendung von Gentianaviolett höhere Werte als mit Trypaflavin erhalten wurden. *Salle* verwendet Krystallviolett in einer Verdünnung von 1 : 700000.

** Die Ursache hierfür liegt entweder in der Verhinderung der Indolbildung durch den Milchzucker oder im Aufkommen anderer Bakterien, die die Colikeime im Wachstum hemmen.

schen Indolnachweis. Man kann sich eine Erklärung dieser Erscheinung einmal in der Richtung suchen, als man annimmt, daß die Aerogenesbakterien durch 'den Trypaflavinfarbstoff mehr geschädigt werden als die typischen Colibakterien, oder in einem Mangel des Auswertungsverfahrens.

In der folgenden Tab. 5 wurden dieselben Milchproben *in anderer Weise* angeordnet; die wahrscheinliche Zahl wurde außer acht gelassen und aus der vorhergehenden Zusammenstellung nur entnommen, bis zu welcher Verdünnung eine Probe noch positiv war; ob nur eine Röhre oder alle beide sich als positiv erwiesen, blieb dabei unberücksichtigt.

Tabelle 5. *Indolreaktion und Gasbildung in flüssigen und festen Nährböden.*

Ver-dünnung	Indolreaktion		Gasbildung							
	Pro-ben-zahl	%	in flüssigem Nährboden				in festem Nährboden			
			Gallebouillon		Tryp.-Bouillon		Galleagar		Tryp.-Agar	
			Pr.-Z.	%	Pr.-Z.	%	Pr.-Z.	%	Pr.-Z.	%
1	—	—	1	5,0	2	10,0	2	10,0	2	10,0
0,1	4	23,53	5	25,0	3	15,0	9	**45,0**	6	30,0
0,01	8	**47,06**	3	15,0	4	20,0	8	**40,0**	8	**40,0**
0,001	4	23,53	9	**45,0**	9	**45,0**	1	5,0	4	20,0
0,0001	1	5,88	2	10,0	2	10,0	0	—	0	—
Sa. . . .	17	100,00	20	100,00	20	100,00	20	100,00	20	100,00

Die Prozentzahlen der Proben bei den einzelnen Verdünnungen zeigen bei der Gasbildung in den *flüssigen* Nährböden eine Anhäufung bei der 0,001-ccm-Verdünnung. Diese Anhäufung liegt bei den *festen* Nährböden bei der 0,1- und 0,01-ccm-Verdünnung, wobei wieder deutlich wird, daß die Ergebnisse der flüssigen und festen Nährmedien gleicher Zusammensetzung sich bei Verwendung des Trypaflavin-Lactosenährbodens näher stehen als beim Gentianaviolett-Galle-Lactose-Nährboden. Der Indolnachweis ist, soweit es sich um indolpositive Proben handelt,

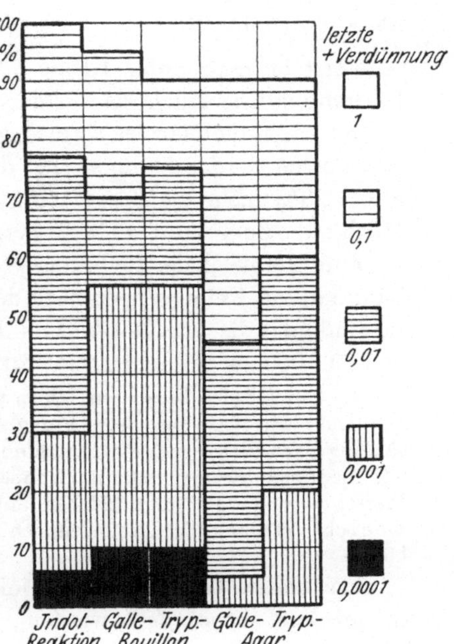

Abb. 1. Indolreaktion und Gasbildung durch die Coli-aerogenes-Gruppe in flüssigen und festen Nährböden im Vergleich zur fortschreitenden Milchverdünnung.

wie aus der Tab. 5 und der zugehörigen Darstellung 1 ersichtlich, schärfer als die Gasbildung in den festen Nährböden, erreicht aber bei dieser Art Auswertung (vgl. Tab. 4) die Ergebnisse der Gasbildung in *beiden* flüssigen Nährböden nicht.

III. Vergleich der Feststellung der Käsereitauglichkeit von Milch mit Hilfe der Reduktase-, Milchgär- und Labgärprobe einerseits, der Keimzählung und der Bestimmung der Coli-aerogenes-Gruppe andererseits.

1. Feststellung der Milchqualität durch Reduktaseprobe und Keimzählung.

Die Durchführung der Reduktaseprobe geschah bei diesen Versuchen in Anlehnung an die im Weihenstephaner Molkereibetrieb zur Qualitätsbestimmung angewendete früher beschriebene Methode. Bei Beurteilung der Reduktionszeit ist es dort üblich, die erste Ablesung schon nach 15 Minuten vorzunehmen, und nicht, wie *Barthel* und *Jensen* vorschreiben, nach 20 Minuten. Diese Übung ist wohl auf *Henkel*[27], den früheren Vorstand der Weihenstephaner Molkereischule, zurückzuführen. Er gibt auch in seinem Katechismus der Milchwirtschaft 15 Minuten als kürzeste Beobachtungszeit an.

Bringt man die 412 Milchproben, die im Laufe eines Jahres der Reduktaseprobe unterzogen wurden, in das Klassensystem von *Barthel* und *Jensen*, so ergibt sich:

Klasse	Reduktion	Probenzahl	%
I gute Milch	nach 330 Min.	74	17,96
II mittelgute Milch	120—330 „	147	35,68
III schlechte Milch	15—120 „	136	33,01
IV sehr schlechte Milch	bis 15 „	55	13,35

Versteht man unter Klasse I und II (gute und mittelgute Milch) käsereitaugliche Milch, da aus der langen Entfärbungszeit auf eine verhältnismäßig keimarme, sorgfältig gewonnene und behandelte Milch geschlossen werden kann, so sind dies 53,64% der untersuchten Proben, also 7,28% mehr als Klasse III und IV (schlechte und sehr schlechte Milch), die insgesamt 46,36% betragen.

Zum Vergleich der Reduktaseprobe und der durch die mikroskopische Zählung von Keimgruppen nach der Breed-Methode gewonnenen Keimzahl können die von *Barthel* und *Jensen* aufgestellten Keimzahlgrenzen von 500 000, 4 Millionen und 20 Millionen nicht verwendet werden.

Es handelt sich bei diesen Zahlen um solche, die mit Hilfe der *Plattenmethode* gewonnen wurden. Die Betrachtung der Tab. 2 (Vergleich zwischen Gruppenzählung nach *Breed* und Plattenzählung) ergibt, daß mit Ausnahme der Milchen mit niedrigem Keimgehalt die Gruppenzählung geringere Werte anzeigt als die Plattenzählung. Bei den Milchen mit geringerem Keimgehalt ist die mikroskopische Zählung der Keimgruppen im Vergleich zur Plattenzählung etwas höher.

Aus dieser Tatsache ist zu folgern, daß die *Keimzahlgrenzen dementsprechend abgeändert* werden müssen, damit ein Klassifikationssystem zustande kommt, in welchem die Reduktaseprobe mit der Gruppenkeimzahl verglichen werden kann. Nachstehendes Schema hat sich für diesen Zweck als brauchbar erwiesen.

Tabelle 6. *Vergleich zwischen Reduktionszeit und Keimzählung (direkte und indirekte Methode).*

Klasse (nach *Barthel* u. *Jensen*)	Reduktionszeit	Ungefährer Keimgehalt im ccm Milch	
		Plattenmethode	Mikr. Gruppenzählung
I gute Milch . .	nach 330 Min.	bis 500000	bis 600000
II mittelgute Milch	120—330 „	500000 bis 4 Mill.	600000 bis 2,1 Mill.
III schlechte Milch	15—120 „	4—20 Mill.	2,1—12 Mill.
IV sehr schl. Milch	bis 15 „	über 20 „	über 12 „

Es kommt dabei in den im Vergleich zu *Barthels* und *Jensens* Einteilung herabgesetzten Keimzahlgrenzen deutlich zum Ausdruck, daß die durch die Gruppenzählung gewonnenen Keimzahlen in den meisten Fällen niedriger sind als die durch die Plattenmethode erhaltenen.

Bei Einreihung der Milchproben in obiges Schema unter Berücksichtigung der Reduktionszeit und des Keimgehaltes ergibt sich folgende Tabelle:

Tabelle 7. *Vergleich zwischen Reduktionszeit und Keimgehalt (mikr. Gruppenzählung).*
(Proben in Prozent.)

Reduktionszeit	bis 600000	600000—2,1 Mill.	2,1—12 Mill.	über 12 Mill.
Kl. I nach 330 Minuten . . .	68,92	31,08	—	—
„ II 120—330 „ . . .	17,01	68,71	14,28	—
„ III 15—120 „ . . .	—	15,44	77,20	7,36
„ IV bis 15 „ . . .	—	—	32,73	67,27

Aus der Zusammenstellung ist eine Übereinstimmung der Ergebnisse der Methylenblau-Reduktaseprobe mit dem auf dem Wege der Gruppenzählung gewonnenen Keimgehalt von 67,27—77,20%, im Mittel der vier Klassen von 70,53% zu ersehen. Die Ausnahmen betragen demnach 29,47%. Wenn schon bei dem Schema *Barthels* und *Jensens* für die durch die Plattenzählung gewonnenen Keimzahlen einmal 23%, ein anderes Mal 33% Ausnahmen errechnet wurden, so sind die hier gefundenen 29,47% nicht so ungeheuerlich. Sie sind wohl in der Hauptsache der Ungenauigkeit der Reduktaseprobe zur Last zu schreiben, da diese, wie schon erwähnt, weniger die absolute Zahl der Bakterien, als vielmehr deren Leistungskraft anzeigt.

Die Reduktaseprobe als einzige Grundlage zur Beurteilung einer Milch ist doch sehr unsicher. Wenn schon die Untersuchungen auf eine einzige Probe beschränkt werden sollten, ist *der Keimgruppenzählung* der Vorzug zu geben, da sie neben dem *genauer feststellbaren Gesamtkeimgehalt* auch die *Erkennung krankheitsverdächtiger Milch* (Mastitisstreptokokken, überreichlich Leukocyten) und bei einiger Übung auch *käsereischädlicher Milch* (Überwiegen von Kurzstäbchen der Coli-Aerogenesgruppe) gestattet.

2. Der Ausfall der Milchgär- und Labgärprobe in Beziehung zum Keimgehalt der Ausgangsmilch.

Da der Keimgehalt einer Milch Schlüsse auf die Art ihrer Gewinnung und Behandlung ziehen läßt, müssen auch gewisse Beziehungen zwischen dem Keimgehalt und der Qualität, in unserem Falle der Käsereitauglichkeit, bestehen. In den folgenden Tab. 8 und 9 ist von über 400 Milchproben der jeweilige Gehalt an Bakterien, wie er einmal durch die Reduktaseprobe und zum anderen durch die Keimgruppenzählung unter dem Mikroskop ermittelt wurde, der *Milchgärprobe* gegenübergestellt.

Die bei den Milchgärproben angegebenen Punktzahlen von 0—5 zeigen den Ausfall der Proben an, wobei in Anlehnung an die von *Herz* veröffentlichten Tabellen *Bursterts*[29] und an diejenige der Weihenstephaner Forschungsanstalt mit 0 Punkten die schlechtesten und mit 5 Punkten die besten Proben beurteilt wurden. Wie man die einzelnen Gärprobentypen bewertete, zeigt genauer das nachstehend angeführte in Weihenstephan übliche Schema:

Gerinnung, gebläht und käsig . . . . 0 Punkte
Käsig-ziegerige Gerinnung. . . . . 1 Punkt
Ziegerige Gerinnung, gallertige oder grießige Gerinnung mit starker
  Gasbildung . . . . 2 Punkte
Gallertige oder grießige Gerinnung mit Molkenausscheidung, flüssige
  Probe, die im Geschmack nicht genügt . . . . 3 „
Gallertige oder grießige, gleichmäßige Gerinnung mit wenig Molken-
  ausscheidung, teilweise flüssige Probe . . . . 4 „
Gallertige, gleichmäßige Gerinnung ohne Molkenausscheidung oder
  flüssige Milch . . . . 5 „
Wenn Geschmack bitter oder unrein sauer, räßsalzig oder muffig bzw.
  Futtergeruch oder Stallgeruch sich bemerkbar macht, werden die
  Proben um einen Punkt heruntergesetzt.

Daß die Milchgärprobe zusammen mit der Reduktaseprobe als Gärreduktase oder Farbgärprobe durchgeführt wurde, sei nochmals erwähnt.

Tabelle 8. *Vergleich zwischen Reduktase- und Milchgärprobe.*

| Gärprobe | 0 Punkte | | 1 Punkt | | 2 Punkte | | 3 Punkte | | 4 u. 5 Punkte | |
| | Proben | | Proben | | Proben | | Proben | | Proben | |
Reduktionszeit	Zahl	%	Zahl	%	Zahl	%	Zahl	%	Zahl	%
bis 15 Min.	1	2,63	1	2,86	6	8,00	20	16,26	27	16,77
15—120 „	9	23,68	11	31,43	27	36,00	35	28,46	53	32,92
120—330 „	12	31,58	12	34,28	33	44,00	49	39,83	55	34,16
nach 330 „	16	42,11	11	31,43	9	12,00	19	15,45	26	16,15
Sa.	38	100,00	35	100,00	75	100,00	123	100,00	161	100,00

Tabelle 9. *Vergleich zwischen Keimzahl (mikr. Gruppenzählung) und Milchgärprobe.*

Gärprobe	0 Punkte		1 Punkt		2 Punkte		3 Punkte		4 u. 5 Punkte	
	Proben		Proben		Proben		Proben		Proben	
Reduktionszeit	Zahl	%	Zahl	%	Zahl	%	Zahl	%	Zahl	%
über 12 Mill. .	1	2,94	2	5,72	3	4,28	18	14,52	23	14,03
2,1—12 „ .	6	17,65	9	25,71	28	40,00	39	31,45	64	39,02
0,6—2,1 „ .	14	41,18	14	40,00	30	42,86	39	31,45	51	31,10
bis 0,6 „ .	13	38,23	10	28,57	9	12,86	28	22,58	26	15,85
Sa.	34	100,00	35	100,00	70	100,00	124	100,00	164	100,00

In den beiden Tab. 8 und 9 und noch deutlicher in den dazugehörigen graphischen Darstellungen 2 und 3 fällt gleicherweise auf, daß die *schlechtesten Milchgärproben* mit 0 Punkten nur zum kleinsten Teil von Milchen mit kürzester Entfärbungszeit oder höchsten Keimzahlen ge-

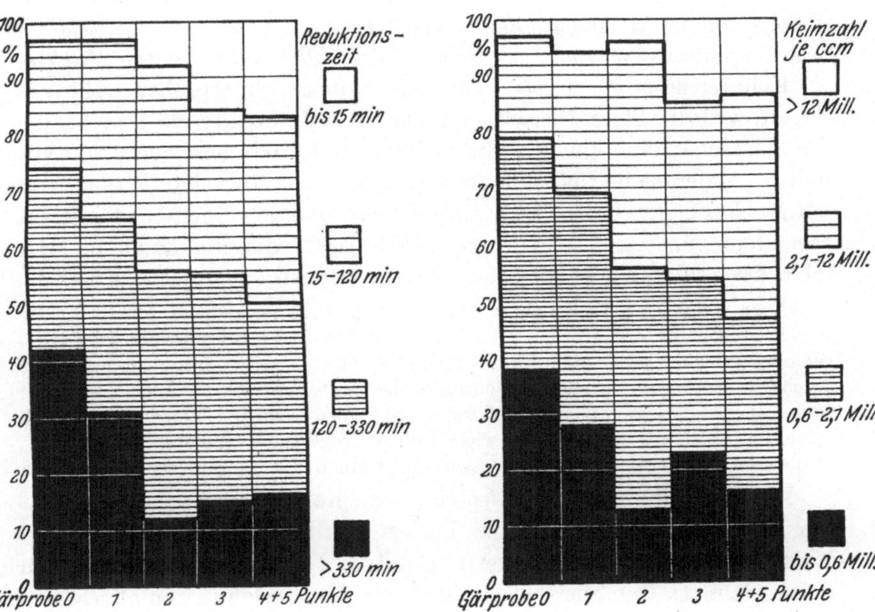

Abb. 2. Vergleich zwischen Reduktionszeit und Qualität der Milchgärprobe.

Abb. 3. Vergleich zwischen Keimzahl
(mikr. Gruppenzählung) und Qualität der
Milchgärprobe.

liefert werden. Sie stammen im Gegenteil überwiegend von Milchen, die durch *lange Entfärbungszeit* bei der Reduktaseprobe und durch *niedrigere Keimgruppenzahlen* (unter 2,1 Millionen im Kubikzentimeter) als gut anzusprechen sind, so daß man von ihnen, nach diesem Gesichtspunkt betrachtet, eigentlich gute bis beste Gärproben hätte erwarten können. Dieselbe Tendenz kann auch noch in der Reihe der mit 1 Punkt bewerteten Gärproben festgestellt werden.

Bei den *guten und besten* Gärproben, mit 4—5 Punkten bewertet, hat die Menge der keimreichen Milchen sehr zugenommen und hält etwa die Waage mit den keimarmen. Diese wechselseitige Verschiebung des Anteils der keimreichen und keimarmen Milchproben von den schlechtesten bis zu den guten und besten Milchgärproben hin, ist klar zu erkennen. Der Anteil der Proben mittleren Keimgehaltes ist bei sämtlichen Gärprobengruppen nur geringen Schwankungen unterworfen.

Die Gärproben mit 4 und 5 Punkten wurden zu einer Gruppe zusammengefaßt, da die Milchen, welche die Höchstpunktzahl 5 erreichten, sehr spärlich vorkamen. Dieser Umstand trat besonders bei den anschließend behandelten Labgärproben ein.

Es läßt sich also erkennen, daß *am Zustandekommen guter und bester Milchgärproben sowohl keimarme als keimreiche Milchen beteiligt sind, daß sich sogar die Tendenz des besseren Ausfalles der Probe mit steigendem Keimgehalt der Ausgangsmilch bemerkbar macht. Schlechte und schlechteste Gärproben stammen in der Mehrzahl der Fälle von keimarmen Milchen.*

Keimreiche Milchen geben gute und beste Milchgärproben wohl deswegen, weil die Flora überwiegend aus Milchsäurebakterien besteht, die durch rasche Säuerung die Entwicklung der Blähungserreger hintanhalten. Andererseits finden letztere in keimarmer Milch häufig nicht das nötige Gegengewicht an Milchsäurebildnern und gewinnen bei der ihnen besonders günstigen Temperatur von 38—40° die Oberhand, so daß schlechte und schlechteste Gärproben entstehen.

Auch *Orla-Jensen*[45] berichtet ähnlich, daß bakterienärmste Milch in der Regel schlecht in der Milchgärprobe sei, denn die Bakterien, welche in frischgemolkener oder kalt aufbewahrter Milch vorkämen, seien nur ausnahmsweise Milchsäurebakterien. Umgekehrt enthalte die bakterienreichste Milch stets eine so ungeheure Menge Milchsäurebakterien, daß die Gärprobe gut ausfalle, auch wenn die Milch nebenbei ebenso viele Luft entwickelnde (gemeint sind gasentwickelnde) Bakterien enthalte, wie gewöhnliche Milch Mikroorganismen überhaupt.

Die Beurteilung der *Labgärproben* erfolgte nach der schon erwähnten Tabelle von *Burstert.* Die Proben wurden entsprechend der im Weihenstephan üblichen Bewertung mit 0, 2, 4, 6, 8 und 10 Punkten ausgezeichnet. Den allerschlechtesten Proben wurden 0, den allerbesten 10 Punkte zuerkannt.

Das nachfolgende Schema zeigt, wie die verschiedenen Typen von Labgärproben in Weihenstephan bewertet werden:

Käschen schwammig, gebläht, zu Pfropfen zusammengezogen, großlochig, narbige Haut . . . . 0 Punkte
Käschen großporig gebläht, pfropfenzieherförmig gedreht, viele Löcher 2 „
Käschen schwach gewunden oder gekrümmt, mittelgroße Löcher, stark nißlig, Käschen durch starke Säurebildung grießig, stark pockerig . . . . 4 „

Käschen, viele kleine bis mittelgroße Löcher, nißlig, leicht grießig,
leicht pockerig . . . . 6 Punkte
Käschen gerade, etwas offen, fleischig im Griff, wenig kleine Löcher 8 „
Käschen geschlossen, gerade, glatt, fest fleischig im Griff, ohne Löcher 10 „

Wenn Geschmack bitter oder stark sauer ist oder Futtergeruch bzw. Stallgeruch sich bemerkbar macht, werden die Proben um 2 Punkte heruntergesetzt.

Die gegenüber der Milchgärprobe doppelte Wertung der Ergebnisse der Labgärprobe läßt erkennen, daß man sie als den besseren Maßstab zur Bestimmung
der Käsereitauglichkeit einer Milch hält.

Die *schlechtesten*, mit 0 Punkten beurteilten Labgärproben stammen,
wie die Tab. 10 und 11 nebst den zugehörigen graphischen Darstellungen
4 und 5 kenntlich machen, zum *geringsten Teil* von den Milchen *mit
höchstem Keimgehalt* (Methylenblau-Reduktionszeit bis zu 15 Minuten
oder Keimgruppenzahl über 12 Millionen). Wenn zudem bei den diesbezüglichen Labgärproben auch die nächstfolgenden Milchen mit einer
Reduktionszeit von 15—120 Minuten bzw. Keimgruppenzahlen von
2,1—12 Millionen den Höchstanteil ausmachen, so muß doch beachtet
werden, daß die beiden anderen Gruppen mit geringerem Keimgehalt
bzw. längerer Reduktionszeit ebenfalls einen wesentlichen Prozentsatz
der schlechtesten Labgärproben liefern. Sie beteiligen sich sogar zu-
sammengenommen zu einem höheren Prozentsatz an den schlechtesten
Labgärproben als die keimreichen und keimreichsten Milchen.

Tabelle 10. *Vergleich zwischen Reduktase- und Labgärprobe.*

Labgärprobe	0 Punkte		2 Punkte		4 Punkte		6 Punkte		8 u. 10 Punkte	
	Proben		Proben		Proben		Proben		Proben	
Reduktionszeit	Zahl	%	Zahl	%	Zahl	%	Zahl	%	Zahl	%
bis 15 Min.	9	15,52	5	8,06	18	15,79	18	12,41	5	9,43
15—120 „	19	32,76	30	48,39	29	25,44	42	28,97	15	28,30
120—330 „	14	24,14	20	32,26	57	50,00	54	37,24	16	30,19
nach 330 „	16	27,58	7	11,29	10	8,77	31	21,38	17	32,08
Sa.	58	100,00	62	100,00	114	100,00	145	100,00	53	100,00

Tabelle 11. *Vergleich zwischen Keimzahl (mikr. Gruppenzählung) und Labgärprobe.*

Labgärprobe	0 Punkte		2 Punkte		4 Punkte		6 Punkte		8 u. 10 Punkte	
	Proben		Proben		Proben		Proben		Proben	
Keimzahl	Zahl	%	Zahl	%	Zahl	%	Zahl	%	Zahl	%
über 12 Mill..	4	7,84	8	13,56	17	15,05	16	11,04	3	5,88
2,1—12 „ .	19	37,26	30	50,85	26	23,01	45	31,03	15	29,41
0,6—2,1 „ .	17	33,33	16	27,12	53	46,90	45	31,03	19	37,26
bis 0,6 „ .	11	21,57	5	8,47	17	15,04	39	26,90	14	27,45
Sa.	51	100,00	59	100,00	113	100,00	145	100,00	51	100,00

Bei den *mit 2 Punkten* bewerteten Labgärproben sind die durch die Reduktaseprobe als schlecht befundenen Milchen wiederum zum geringsten Prozentsatz vertreten, durch die direkte Keimzählung aber werden gerade die am besten befundenen, das sind die keimärmsten Proben, mit dem niedrigsten Prozentsatz eingereiht. Die schlechten Milchen mit einer Entfärbungszeit von 15—120 Minuten und Keimgruppenzahlen von 2,1—12 Millionen machen auch in dieser Labgärprobenreihe mit 48,39 bzw. 50,85% den Hauptanteil aus. Eine Verschie-

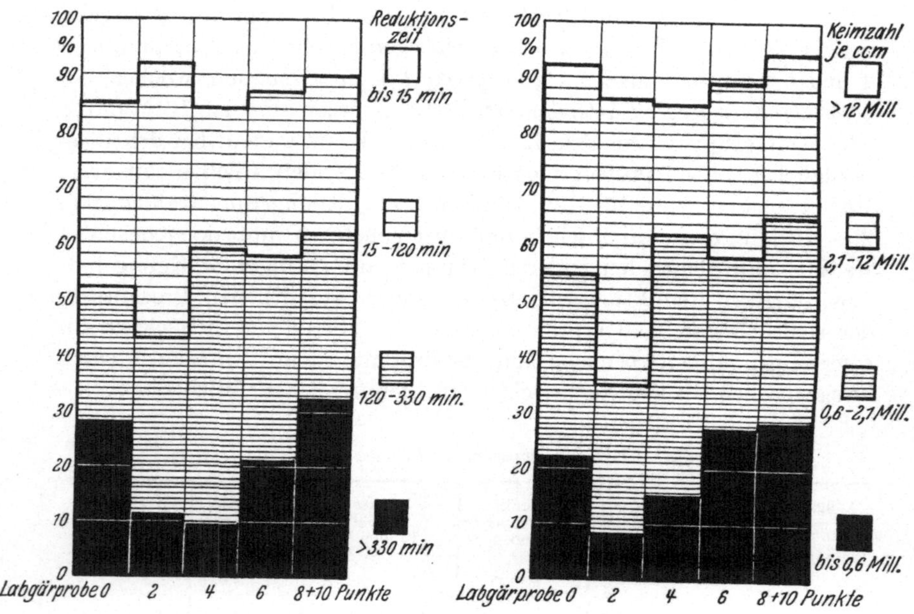

Abb. 4. Vergleich zwischen Reduktionszeit und Ausfall der Labgärprobe.

Abb. 5. Vergleich zwischen Keimgehalt (mikr. Gruppenzählung) und Ausfall der Labgärprobe.

bung des Anteils der Milchen mit einer Reduktionszeit länger als 120 Minuten bzw. geringerem Keimgehalt als 2,1 Million ist insofern eingetreten, als sie bei Labgärproben „0 Punkte" etwas über die Hälfte aller Proben ausmachen, während sie sich hier zugunsten der Proben mit höherem Keimgehalt prozentual verringert haben.

Die *mittleren Labgärproben mit 4 und 6 Punkten* gehen zum größeren Teil aus Milchen mit dem bei Weihenstephaner Werkmilch am häufigsten vorkommenden und als normal anzunehmenden Keimgehalt hervor, der sich durch eine Methylenblau-Entfärbungszeit von 120—330 Minuten und Keimgruppenzahl von 0,6—2,1 Millionen im Kubikzentimeter dartut. Die keimreichen und keimreichsten Milchen treten bemerkenswerterweise hier etwas mehr zurück, während die keimärmsten prozentual anwachsen.

Diese Tendenz tritt noch deutlicher bei den *Labgärproben mit 8 und 10 Punkten* in Erscheinung, die an der Gesamtzahl der Proben ungefähr in demselben Maße beteiligt sind, wie die schlechtesten mit 0 Punkten. Sie lassen erkennen, daß sie nur zum kleinsten Teil von keimreichen Milchen stammen, und daß die keimarmen und keimärmsten Milchen zusammen über 60% von ihnen liefern.

Aus der Gegenüberstellung von Labgärprobenausfall und Keimgehalt der Ausgangsmilch ist zu folgern, daß *schlechte Labgärproben sowohl aus keimarmen wie keimreichen Milchen entstehen können, daß bei mittleren und besten Labgärproben die keimreichen Milchen gegenüber den keimarmen zurücktreten. Eine Neigung der keimarmen Milchen, gute Labgärproben zu bilden, ist also unverkennbar.* Die entgegengesetzte Tendenz konnte bei der Milchgärprobe beobachtet werden (vgl. die entsprechenden graphischen Darstellungen 2 und 3 mit 4 und 5).

Die Ergebnisse dieser Untersuchungen: Keimgehalt und Ausfall der Gär- und Labgärprobe zeigen, daß es *auf Grund der Keimgehaltfeststellung allein nicht sicher möglich ist, ein Werturteil über die Käsereitauglichkeit einer Milch zu fällen.* Es ist dabei gleichgültig, ob die Qualität durch die Reduktaseprobe oder die Keimgruppenzählung ermittelt wird. Reduktaseprobe und Keimgruppenzählung stimmen bei diesen Zusammenstellungen verhältnismäßig gut überein.

Peter[46] fand bei Versuchen, den Wert der bei der Käsereitauglichkeitsbestimmung angewendeten praktischen Methoden durch bakteriologische Untersuchungen nachzuprüfen, daß sich bakterienarme Milchen gegenüber bakterienreichen im allgemeinen viel besser verhalten (man vgl. unsere Ergebnisse bei der Labgärprobe). Wenn praktische Proben die Milch besser erscheinen lassen, als die bloße Bakterienzahl vermuten läßt, wie dies z. B. bei unseren Befunden über die Milchgärprobe der Fall ist, so können nach seiner Ansicht „die Mehrzahl der in der Milch anwesenden Bakterien für diese harmlos sein, während schon geringe Mengen eines einzigen typischen Milchfehlerpilzes fehlerhafte Veränderungen herbeiführen."

Jedenfalls erhellt aus *Peters* Erfahrungen wie aus unseren Versuchen, daß *eine Beurteilung der Milch für Käsereizwecke nur auf Grund des Keimgehaltes nicht ausreichend ist, da es viel mehr auf die Keimart als auf die Keimmenge ankommt.*

3. Der Ausfall der Gär- und Labgärprobe in Beziehung zum Coli-aerogenes-Gehalt der Ausgangsmilch.

Als Käsereischädlinge sind besonders die Angehörigen der Coli-aerogenes-Gruppe wegen Erregung der Käseblähung bekannt. Ihr Nachweis ist daher bei Untersuchung einer Milch auf Käsereitauglichkeit unerläßlich. Bakterien der

Coli-aerogenes-Gruppe sind aber nicht allein Käsereischädlinge, sondern sie beeinflussen ganz allgemein Haltbarkeit und Geschmack von aller Milch und deren Erzeugnisse im ungünstigen Sinne.

Demeter[16] weist deshalb verschiedentlich darauf hin, daß eine *Milchbeurteilung nach amerikanischem Vorbild auf Grund des Keimgehaltes allein nicht ausreichend ist.* Es wäre unbedingt noch die Durchführung des *Colititers* anzustreben, wobei er als Vorbild England nennt, das für Kindermilch praktische Colifreiheit fordert.

Da die für die Gär- wie Labgärprobe übliche Bebrütungstemperatur von 38—40° für Coli-aerogenes-Keime die günstigste Entwicklungsmöglichkeit bietet, so muß der Ausfall beider Gärproben mit dem Coli-aerogenes-Gehalt der Ausgangsmilch irgendwie im Zusammenhange stehen.

Im folgenden sind die im Laufe der zweiten Hälfte des Jahres 1929 untersuchten Milchproben zusammengestellt, bei denen gleichzeitig mit der Gär- und Labgärprobe auch der Coli-aerogenes-Gehalt nach dem früher beschriebenen Verdünnungsverfahren festgestellt wurde.

Zum Nachweis dieser Bakteriengruppe diente der Gentianaviolett-Lactosegallenährboden nach *Kessler* und *Swenarton*[32], daneben wurde auch in Trypsinbouillon auf Indol geprüft. Die Arbeit *Klimmers*[33], in der er Trypaflavin-Lactosenährboden zum Coli-aerogenes-Nachweis vorschlägt, kam erst Ende 1929 an die Öffentlichkeit. Unsere vergleichenden Versuche mit verschiedenen Elektivnährböden (s. S. 17) wurden daraufhin zu Beginn des Jahres 1930 vorgenommen. Aus diesem Grunde war für den Nachweis der Coli-aerogenes-Bakterien ursprünglich nur der Nährboden von *Kessler* und *Swenarton* herangezogen worden.

Die in den Tabellen und im Text angegebene „Coli- oder Coli-aerogenes-Zahl" gibt nicht den absoluten Wert, sondern das Verhältnis *der Coli- bzw. der Coli-aerogenes-Keime zu dem durch die Gruppenzählung gefundenen Gesamtkeimgehalt an.* Sie ist entstanden durch Berechnung des nach *Mc.Crady* erhaltenen wahrscheinlichen Coli- bzw. Coli-aerogenes-Gehaltes, bezogen auf 100000 Gesamtkeimgruppen. Coli-aero-

$$\text{genes(verhältnis-)Zahl} = \frac{\text{wahrscheinliche Coli-aerogenes-Zahl}}{\text{Gesamtkeimzahl}} \cdot 100000 \,.$$

So bedeutet z. B. die Zahl 100, daß auf 100000 Keime 100 Vertreter der Coli- bzw. der Coli-aerogenes-Gruppe treffen.

Die Einführung dieser Verhältniszahl von Coli-aerogenes- zum Gesamtkeim-Gehalt erwies sich als notwendig, da sich häufig widersprechende Ergebnisse zwischen dem Ausfall der Gär- und Labgärprobe und dem Coli-aerogenes-Gehalt bei Außerachtlassung des Gesamtkeimgehaltes ergaben. Milchen mit hohem Gehalt an Coli-aerogenes-Bakterien lieferten teils, wie erwartet, sehr schlechte, teils aber auch recht gute, Milch mit geringem Coli-aerogenes-Gehalt teils sehr gute, teils aber auch sehr schlechte Gär- und Labgärproben. Von Coli-aerogenes-reichen Milchen wurden die praktischen Käsereitauglichkeitsprüfungen meist dann gut bestanden, wenn gleichzeitig auch der Gesamtkeimgehalt ein sehr hoher war. Umgekehrt fiel diese Prüfung bei den Milchen mit geringem Coli-aerogenes-Gehalt schlecht aus, wenn der Gesamtkeimgehalt ein sehr geringer war. Man sieht also, daß bei der Prüfung der Milch auf Käsereitauglichkeit *weder der Keimgehalt noch der Coli-aerogenes-Gehalt allein sichere Schlüsse erlaubt, daß vielmehr das Verhältnis zwischen beiden maßgebend ist.*

Den beiden folgenden Tab. 12 und 13 und Abb. 6 und 7 sind die Untersuchungen von 245 Milchgärproben zugrunde gelegt.

Vor Erläuterung derselben möge eine kurze Betrachtung darüber angestellt werden, welche Erwartungen man nun auf Grund theoretischer Überlegungen von dem Ausfall der Tabellen hegen könnte. Wenn wirklich die Coli-aerogenes-Zahl von ausschlaggebender Bedeutung für die Qualität der Milchgärprobe ist, dann müßten die guten Gärproben prozentual am meisten in den Reihen mit den niedrigen Coli-aerogenes-Zahlen vertreten sein (0 bis 1, 2 bis 10 und evtl. 11 bis 100), also in den Tabellen rechts oben, während die schlechten Gärproben sich in den Reihen der hohen Coli-aerogenes-Zahlen (101 bis 1000 und darüber) häufen müßten, somit in den Tabellen links unten. Werden nun die beiden Tabellen diesen theoretischen Erwägungen gerecht?

Tabelle 12. *Vergleich zwischen Gärprobe und Coli-aerogenes-Zahl (Gasbildner).*

Gärprobe	0 Punkt		1 Punkt		2 Punkte		3 Punkte		4 u. 5 Punkte	
	Proben		Proben		Proben		Proben		Proben	
Coli-aerog.-Zahl	Zahl	%	Zahl	%	Zahl	%	Zahl	%	Zahl	%
0—1	1	4,55	2	8,70	10	25,64	13	19,12	29	31,18
2—10	6	27,27	7	30,43	13	33,33	27	39,71	30	32,26
11—100	8	36,36	7	30,43	8	20,52	22	32,35	25	26,88
101—1000	6	27,27	6	26,09	7	17,95	4	5,88	8	8,60
über 1000	1	4,55	1	4,35	1	2,56	2	2,94	1	1,08
Sa.	22	100,00	23	100,00	39	100,00	68	100,00	93	100,00

Tabelle 13. *Vergleich zwischen Gärprobe und Coli-Zahl (Indolbildner).*

Gärprobe	0 Punkt		1 Punkt		2 Punkte		3 Punkte		4 u. 5 Punkte	
	Proben		Proben		Proben		Proben		Proben	
Colizahl	Zahl	%	Zahl	%	Zahl	%	Zahl	%	Zahl	%
0—1	1	4,54	2	8,70	4	10,26	6	8,82	12	12,90
2—10	6	27,27	3	13,04	4	10,26	12	17,65	23	24,73
11—100	3	13,64	8	34,78	16	41,03	30	44,12	31	33,33
101—1000	8	36,37	7	30,44	9	23,07	12	17,65	18	19,36
über 1000	4	18,18	3	13,04	6	15,38	8	11,76	9	9,68
Sa.	22	100,00	23	100,00	39	100,00	68	100,00	93	100,00

Bei Tab. 12 (Coli-aerogenes) und Abb. 6 besteht gar kein Zweifel, daß mit der höheren Punktzahl auch die Prozentsätze jener Milchen steigen, die im Vergleich zum Gesamtkeimgehalt einen geringeren Coli-aerogenes-Gehalt besitzen. Milchen mit einer Verhältniszahl von mehr als 100 treten bei den mit 3—5 Punkten ausgezeichneten Gärproben fast völlig in den Hintergrund.

Dagegen wird die Erwartung, daß eine prozentuale Anhäufung von schlechten Gärproben bei Milchen mit relativ hohem Coli-aerogenes-Titer eintreten sollte, nicht ganz erfüllt. Die diesbezüglichen Prozentanteile der Milchen mit 0 und 1 Punkt nehmen nicht im gleichen Maße mit der steigenden Coli-aerogenes-Zahl zu, sondern sie verteilen sich mehr auf die Reihen mit mittleren Zahlen (2—100). Dies deutet darauf

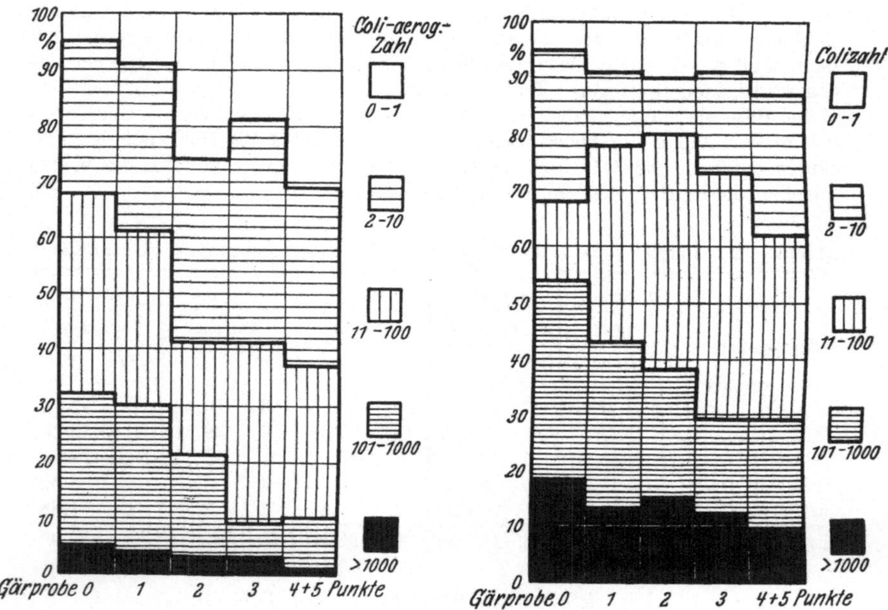

Abb. 6. Vergleich zwischen Coli-aerogenes-Verhältniszahl (Gasbildner) und Ausfall der Milchgärprobe.

Abb. 7. Vergleich zwischen Coli-Verhältniszahl (Indolbildner) und Ausfall der Milchgärprobe.

hin, daß bei schlechten Gärproben noch *andere Momente* eine wichtige Rolle spielen. Andererseits aber bietet die Abwesenheit oder ein im Vergleich zum Gesamtkeimgehalt verhältnismäßig geringes Vorkommen von Organismen der Coli-aerogenes-Gruppe doch eine gute Gewähr dafür, daß die zu erwartende Gärprobe nicht schlecht ausfällt. Einen gewissen Wendepunkt bilden die Coli-aerogenes-Zahlen von 11—100. Milchen, die viel mehr als 100 besitzen, gehören nur in der Minderzahl zu den guten Gärproben.

Die vergleichenden Untersuchungen zwischen Gärproben und dem Gehalt der Milch an echten Coli-Bakterien (Indolbildner), die mit genau denselben Milchen parallel durchgeführt wurden (Tab. 13 und

Abb. 7), lassen die bei der Gesamtheit der Coli-aerogenes-Gruppe gefundenen Beziehungen nicht so deutlich erkennen. Man kann wohl eine gewisse Anhäufung guter Gärproben bei den Milchen mit niedrigem Colititerverhältnis feststellen, wenn auch nicht deutlich. Der Vergleich der beiden Diagramme zeigt besonders gut, daß die Verhältniszahl der Indolbildner einen weit höheren Betrag ausmachen darf als die der Gasbildner, um den Ausfall der Gärprobe im gleichen Sinne ungünstig zu beeinflussen. Anscheinend spielen die typischen Colibakterien bei der Milchgärprobe keine so wichtige Rolle wie die stärker gasbildenden Aerogenesbakterien.

Zusammenfassend läßt sich also nochmals bemerken: Ein gewisser Zusammenhang zwischen dem Ausfall der Milchgärprobe und dem Gehalt der Milch an Coli-aerogenes-Bakterien ist sicher vorhanden. *Daß Milchen mit geringer Coli-aerogenes-Verhältniszahl in bezug auf Gesamtkeimzahl wenigstens in der Mehrzahl der Fälle mittelgute bis beste Gärproben, Milchen mit höherer Coli-aerogenes-Verhältniszahl dagegen mehr schlechte bis sehr schlechte Gärproben liefern*, läßt sich erkennen. Die typischen, durch Indolbildung nachweisbaren Colibakterien spielen anscheinend bei der Milchgärprobe keine so wichtige Rolle wie die stärker gasbildenden Aerogenesbakterien. Allerdings erweist sich zur Feststellung der Colizahl als solcher der Nachweis der Gasbildung in Lactoseagarschüttelkultur weniger günstig als der Indolnachweis. Daß keine vollständige Übereinstimmung zwischen der Coli-aerogenes-Verhältniszahl und dem Gärprobenausfall besteht, war zu erwarten, da, je nach dem Vorhandensein anderer Keimarten, besonders der echten Milchsäurebakterien, das Ausbreiten und Wirken der blähungserregenden Coli-aerogenes-Organismen mehr oder weniger beeinflußt werden kann. Es ist natürlich nicht diese Bakteriengruppe allein maßgebend für den Ausfall der Gärprobe.

Düggeli[21], der die 5 Gärprobentypen flüssig, gallertig, grießig, käsig-ziegerig und gebläht bakteriologisch untersuchte, fand bei all diesen Typen Bact. coli und Bact. aerogenes. Nach seinen Untersuchungen erlaubt der Typus „gebläht" den Schluß zu ziehen, daß die zum Zustandekommen von Blähung in erster Linie notwendigen gasbildenden Organismen entweder Bact. coli, Bact. aerogenes oder Bact. acidi lactici selbst sind oder Formen darstellen, die in die Verwandtschaft genannter Bakterienarten gehören. Nach diesem wäre es also berechtigt, eine Beziehung zwischen Colizahl und Gärprobenergebnis zu erwarten und unsere Untersuchungen haben dies auch bestätigt.

Das Zustandekommen der verschiedenen Gärprobentypen ist aber nicht nur auf das Wirken der Mikroorganismen in der Milch zurückzuführen. *Köstler* und *Loosli*[35] erwiesen durch Versuche, daß es im Grunde genommen *physikalisch-chemische Veränderungen des Milchcaseins* sind, die dem Gärprobenbild das charakteristische Aussehen verleihen.

Die Gärungsorganismen seien nur insofern an der Ausbildung des Gärprobenbildes beteiligt, als sie das Entstehen der für jene physikalischen Einflüsse auf das Milchkasein notwendigen Stoffe (Säure, Fermente) in wesentlichem Grade bedingen. Es erklärt dies, daß man mit bakteriologischen Methoden allein die Gärprobe nicht restlos erfassen kann.

Ähnliches ist von der *Labgärprobe* zu sagen, denn auch hier spielen physikalisch-chemische Vorgänge, besonders jene, auf denen die Labgerinnung beruht, eine große Rolle. Daß so z. B. die Temperatur des Probeglases beim Einfüllen der Milch und die Temperatur dieser selbst

Tabelle 14. *Vergleich zwischen Labgärprobe und Coli-aerogenes-Verhältniszahl* (*Gasbildner*).

Labgärprobe	0 Punkt		2 Punkte		4 Punkte		6 Punkte		8—10 Punkte	
	Proben		Proben		Proben		Proben		Proben	
Coli-aerog. Zahl	Zahl	%	Zahl	%	Zahl	%	Zahl	%	Zahl	%
0—1	0	—	3	7,14	8	16,00	29	34,52	14	50,00
2—10	11	28,20	11	26,19	19	38,00	37	44,05	3	10,72
11—100	17	43,59	16	38,10	18	36,00	14	16,67	9	32,14
101—1000	9	23,08	8	19,05	5	10,00	4	4,76	2	7,14
über 1000	2	5,13	4	9,52	0	—	0	—	0	—
Sa.	39	100,00	42	100,00	50	100,00	84	100,00	28	100,00

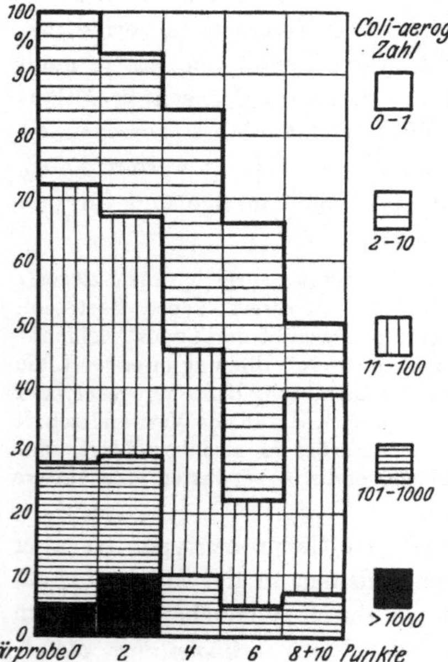

Abb. 8. Vergleich zwischen Ausfall der Labgärprobe und Coli-aerogenes-Verhältniszahl (Gasbildner).

einen Einfluß auf das entstehende Probekäschen hat, haben *Zeiler* und *Berwig*[62] nachgewiesen. Ein Zusammenhang zwischen Coli-aerogenes-Zahl der Milch in bezug auf den Gesamtkeimgehalt und Ausfall der Labgärprobe ist aber doch auf Grund von 243 Untersuchungen nicht von der Hand zu weisen.

Wie beim Vergleich zwischen Coli-aerogenes-Verhältniszahl und Milchgärprobe, so ergibt sich auch beim *Vergleich mit der Labgärprobe eine Anhäufung der durch geringere Coli-aerogenes-Verhältniszahlen ausgezeichneten Proben auf seiten der guten, der durch höhere auf seiten der schlechten Labgärproben* (Tab. 14 und Abb. 8).

Milchen mit Coli-aerogenes-Zahlen von 0—1 und 2—10 sind

am meisten in den Reihen der mit 6—10 Punkten bewerteten Labgärproben zu finden, die mit höheren Coli-aerogenes-Zahlen dagegen sammeln sich vorwiegend bei den schlechten und schlechtesten Labgärproben (0 und 2 Punkte) an. Während bei diesen die Milchproben mit Zahlen von 0—1 nur eine ganz untergeordnete Rolle spielen, ist bei jenen dasselbe von den Milchen mit Zahlen von 11—1000 zu sagen. Coli-aerogenes-Verhältniszahlen über 1000 treten von den mittleren Labgärproben ab nach den besten hin überhaupt nicht auf. Sie deuten also an, daß. bei einer derartigen Milch niemals eine Labgärprobe mit mehr als 2 Punkten erwartet werden kann.

Tabelle 15. *Vergleich zwischen Labgärprobe und Coliverhältniszahl (Indolbildner).*

Labgärprobe	0 Punkt		2 Punkte		4 Punkte		6 Punkte		8—10 Punkte	
	Proben		Proben		Proben		Proben		P oben	
Colizahl	Zahl	%	Zahl	%	Zahl	%	Zahl	%	Zahl	%
0—1	1	2,56	0	—	3	6,00	10	11,91	8	28,57
2—10	7	17,94	0	—	8	16,00	26	30,95	10	35,72
11—100	11	28,19	19	45,24	20	40,00	32	38,09	5	17,86
101—1000	12	30,76	12	28,57	13	26,00	13	15,48	4	14,28
über 1000	8	20,55	11	26,19	6	12,00	3	3,57	1	3,57
Sa.	39	100,00	42	100,00	50	100,00	84	100,00	28	100,00

Allerdings finden wir, wie bei den entsprechenden Untersuchungen mit der Milchgärprobe, auch bei der Labgärprobe, daß die schlechtesten Proben nicht zum Höchstprozentsatz von Milchen mit höchstem Coli-aerogenes-Titer (Coliaerogenes-Zahl 101—1000 und über 1000) herrühren, sondern von denen mit Coli-aerogenes-Zahlen von 11 bis 100. Dies scheint, wie eben schon bei der Milchgärprobe erwähnt, darauf hinzuweisen, daß hier noch andere Faktoren als die Coli-aerogenes-Keime von Wichtigkeit sind. Daß aber die Abwesenheit oder *ein im Vergleich zur Gesamtkeimzahl verhältnismäßig geringes Vorkommen von Bakterien dieser Art einen guten Ausfall der Käsereitauglichkeitsprüfungen der*

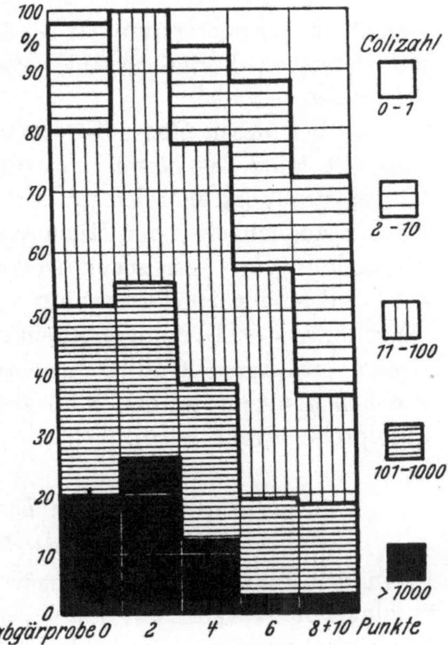

Abb. 9. Vergleich zwischen Ausfall der Labgärprobe und Coli-Verhältniszahl (Indolbildner).

Praxis erwarten lassen, zeigt der Vergleich von Coli-aerogenes-Zahl und Labgärprobe noch deutlicher als der mit der Milchgärprobe. Als Wendepunkt können auch hier die Coli-aerogenes-Zahlen von 11—100 angesehen werden. Milchen mit höheren als 100 sind zum allergeringsten Teil bei den guten Labgärproben zu suchen.

Bei den vergleichenden, an Hand derselben 243 Milchen durchgeführten Versuchen zwischen Labgärprobe und *Gehalt an echten Colibakterien (Indolbildnern)*, s. Tab. 15 und Abb. 9, lassen sich die oben gefundenen Beziehungen ebenso wie bei der Milchgärprobe etwas weniger deutlich erkennen. Eine *Neigung der Milchen mit geringer Colizahl, gute, und der mit hoher Colizahl schlechte Labgärproben zu bilden*, ist ohne Zweifel vorhanden, doch prägt sich diese nicht so scharf aus. Insbesondere ist das Vorkommen von Coliverhältniszahlen über 1000 kein Anzeichen dafür, daß die Gärprobe nicht auch eine mittlere, ja sogar eine sehr gute Punktbewertung erfahren kann.

Ein Vergleich der Tab. 13 und 15 und insbesondere der Diagramme der Indolbildner in bezug auf Milchgär- und Labgärprobe (Abb. 7 und 9) zeigt jedoch, daß die *Labgärprobe* als solche nicht bloß gegenüber der Gesamtheit der Coli-aerogenes-Gruppe *empfindlicher ist als die Milchgärprobe,* sondern auch gegenüber den echten Colibakterien. Der Prozentsatz jener Labgärproben, die bei einer Verhältniszahl von über 1000 noch mit 6 Punkten und höher ausgezeichnet werden, ist ein wesentlich geringerer (um das 3—4fache) als jener Milchgärproben, die mit derselben Verhältniszahl entsprechend gute Punktzahlen (3—5) bekommen.

Daß bei diesen Gegenüberstellungen stets der Coli-aerogenes-Nachweis mit Hilfe des Gasbildungsvermögens dieser Gruppe eine bessere Übereinstimmung mit den praktischen Methoden zur Bestimmung der Käsereitauglichkeit einer Milch gibt als der Colinachweis mittels der Indolbildung, ist — wie schon bei dem Vergleich zwischen Coli-aerogenes-Zahl und Milchgärprobe erwähnt — wohl dadurch zu erklären, daß für die schlimmsten Blähungserscheinungen Bact. aerogenes wegen des ihm eigenen stärkeren Gasbildungsvermögens in höherem Maße verantwortlich gemacht werden muß als Bact. coli (soweit dieses durch die Indolprobe erfaßt wird).

4. Milchgärprobe oder Labgärprobe zur Bestimmung der Käsereitauglichkeit?

In der Praxis ist die Milchgärprobe zur Bestimmung der Käsereitauglichkeit stärker verbreitet als die Labgärprobe; wo letztere in Übung ist, werden meist beide Proben nebeneinander durchgeführt.

Nun hat aber schon *Diethelm*[19] darauf hingewiesen, daß die Milchgärprobe sich als nicht vollständig genügend zur Beurteilung einer Milch auf Käsereitauglichkeit erweist, und dafür die von ihm ausgebaute Labgärprobe *Schatzmanns* vorgeschlagen. *Zeiler* und *Berwig*[62] kommen bei der Auswertung von über 7500 Untersuchungen neuerdings zu dem Schluß, daß die Labgärprobe bei Beurteilung einer Milch zuverlässiger sei als die Milchgärprobe, dies fanden sie auch durch Käsereiversuche bestätigt. Wenn sich zwar, wie sie angaben, auf Grund von 48 Versuchen — sie stellten kleine Romadourkäschen her — ein allgemeiner Rückschluß auf die unbedingte Zuverlässigkeit der Labgärprobe zur Beurteilung der Käsereitauglichkeit nicht ergab — eine Forderung, die bei biologischen Prüfungen nie erfüllt werden kann — so ließ sich doch mit ziemlicher Sicherheit erkennen, daß die gewöhnliche *Gärprobe zur Aufdeckung von Milchfehlern*, die bei der Herstellung und Reifung von Weichkäsen Schwierigkeiten bereiten, *versagt*.

Tabelle 16. *Vergleich zwischen Ausfall der Gär- und Labgärprobe.*

Gärprobe	0 Punkt		1 Punkt		2 Punkte		3 Punkte		4 Punkte		5 Punkte	
	Proben		Proben		Proben		Proben		Proben		Proben	
Labgärprobe	Zahl	%	Zahl	%	Zahl	%	Zahl	%	Zahl	%	Zahl	%
0 Punkte	17	47,22	5	14,29	6	8,11	19	15,32	9	7,03	1	3,33
2 „	5	13,89	11	31,43	11	14,86	21	16,94	12	9,38	2	6,67
4 „	4	11,11	6	17,14	23	31,08	31	25,00	40	31,25	9	30,00
6 „	7	19,45	7	20,00	26	35,14	44	35,48	49	38,28	12	40,00
8 „	3	8,33	6	17,14	6	8,11	8	6,45	14	10,94	5	16,67
10 „	0	—	0	—	2	2,70	1	0,81	4	3,12	1	3,33
Sa. . . .	36	100,00	35	100,00	74	100,00	124	100,00	128	100,00	30	100,00

Unsere Versuche geben ein ähnliches Bild. Schon die Gegenüberstellung der Gär- und Labgärproben von jeweils derselben Milch zeigt, daß zwischen dem Ausfall beider Proben große Abweichungen bestehen.

Die Zahlen von insgesamt 427 Proben (Tab. 16 und Abb. 10) geben an, daß den schlechtesten und schlechten Gärproben jeweils auch eine ganze Menge mittlerer und guter Labgärproben von 4 bis 8 Punkten gegenübersteht. Die *Gärproben mit 0 Punkten* haben wohl ihr höchstes prozentuales Vorkommen mit 47,22% in der Reihe der Labgärproben mit 0 Punkten, die

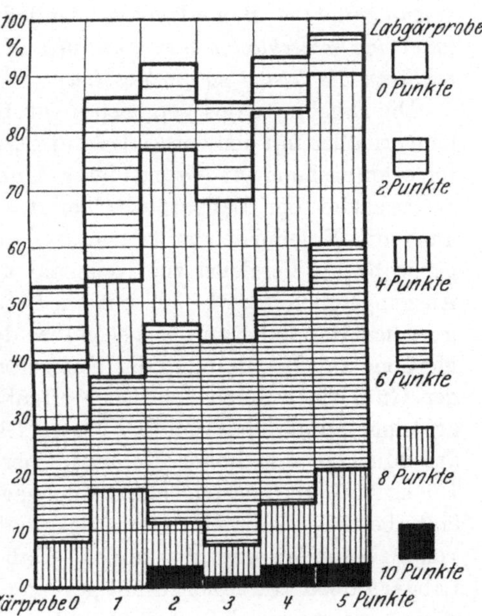

Abb. 10. Vergleich zwischen Ausfall der Milchgär- und Labgärprobe.

Gärproben mit 1 Punkt dasselbe mit 31,43% in der Reihe der Labgärprobe mit 2 Punkten, aber die *mittleren und besseren Labgärproben
(4—8 Punkte)* nehmen zusammen mit 38,89 bzw. 54,28% doch einen
erheblichen Teil der beiden schlechten Gärprobengruppen ein. Beste
Labgärproben mit 10 Punkten, die an sich sehr spärlich vertreten waren,
sind jedoch hier nicht zu finden. Daraus geht hervor, daß eine *Milch,
die in der Gärprobe keine bessere Bewertung als von 2 Punkten aufwärts
erfährt, in der Labgärprobe niemals ganz gut sein kann.*

Bringt man die *mittleren Gärproben mit 2 und 3 Punkten* zu den Labgärproben in Beziehung, so weisen jene den relativen Höchstsatz von
35,14 bzw. 35,48% innerhalb der mit 6 Punkten beurteilten mittel-
guten Labgärproben aus. Fassen wir in diesen beiden Gärprobenreihen
die schlechteren Labgärproben von 0—4 Punkten zusammen, so wird
ersichtlich, daß diese hier überwiegend vertreten sind und die besseren Labgärproben von 6—10 Punkten zahlenmäßig übertreffen. Die
besseren Gärproben mit 4 und 5 Punkten weisen ebenfalls mit 38,28
bzw. 40% ihren Höchstwert bei Labgärprobe 6 Punkte auf. Auch hier
überwiegen die schlechteren Labgärproben die besser beurteilten.

Zusammengefaßt läßt sich schließen, daß den *schlechten Gärproben
neben schlechten auch ein großer Teil mittlerer und besserer Labgärproben,
daß den besseren Gärproben neben verhältnismäßig wenig besseren Labgärproben in der Hauptsache mittlere, aber auch schlechte Labgärproben
gegenüberstehen.* Bemerkenswert ist jedoch, daß *beste Labgärproben nie
unter den schlechtesten und schlechten Milchgärproben, sondern nur unter
mittleren bis besten zu finden sind.*

Die Ergebnisse des Vergleiches von Gär- und Labgärproben stimmen
einigermaßen mit den von *Zeiler* und *Berwig*[62] gefundenen überein. Diese
folgerten schon auf Grund ihrer Untersuchungen eine größere Zuverlässigkeit der Labgärprobe bei der Milchbeurteilung. Wenn man
auch die Ergebnisse der beiden früheren Abschnitte: Gär- und Labgärprobe im Vergleich zur Keimzahl und zur Coli-aerogenes-Zahl der
Ausgangsmilch (S. 24—36) mit in Betracht zieht, so wird die Überlegenheit der Labgärprobe gegenüber der Milchgärprobe als praktische
Methode zur Bestimmung der Käsereitauglichkeit und zur Feststellung
der Güte einer Milch deutlicher offenbar. Die dort gemachten Beobachtungen, daß die guten und besten Gärproben zu mehr als der Hälfte
aus Milchen mit hoher Keimzahl hervorgehen, die wiederum einen
Rückschluß auf unsachgemäße Milchgewinnung und -behandlung ziehen
läßt, bestätigen die Unzuverlässigkeit dieser Probe für die Beurteilung
von Frischmilch und Werkmilch. Daß dagegen die guten und besten
Labgärproben von Milchen mit geringem bis mittlerem Keimgehalt herrühren, zeigt an, daß das Anstellen der Labgärprobe ein sichereres
Mittel ist, gut und schlecht behandelte Milch zu unterscheiden als die

Milchgärprobe. Auch hinsichtlich der Feststellung des Coli-aerogenes-Gehaltes hat sich die Labgärprobe als die schärfere erwiesen.

Da sich also auch beim *Vergleich mit dem zur Qualitätsfeststellung einer Milch üblichen bakteriologischen Methoden die Labgärprobe zuverlässiger gezeigt hat als die Milchgärprobe*, kann künftig bei der Qualitätsbestimmung von Milch, besonders aber wenn es sich um Beurteilung von Käsereitauglichkeit handelt, diese allein mittels der Labgärprobe unter Außerachtlassung der Milchgärprobe durchgeführt werden. Es wird dadurch die Qualitätsbeurteilung einer Milch wesentlich vereinfacht und die zur Untersuchung nötige Milchmenge verringert. Die Ergebnisse werden eindeutiger, da die der Labgärprobe häufig widersprechenden Resultate der Milchgärprobe in Wegfall kommen.

Zeiler und *Berwig*[62], die, wie erwähnt, auf Grund mehrjähriger Erfahrung bei der Qualitätsbewertung der Lieferantenmilchen in Weihenstephan und neuerdings auch ihrer Weichkäsereiversuche zu demselben Schlusse kamen, schlagen vor, die Labgärprobe, ähnlich der Farbgärprobe *Barthels* und *Jensens*, mit der Reduktaseprobe vereint als Labgärreduktaseprobe anzustellen. Da diese kombinierte Probe nach den in Weihenstephan durchgeführten vergleichenden Untersuchungen gut brauchbar ist, wurde sie von Herbst 1929 ab in das Beurteilungsschema des Weihenstephaner Molkereibetriebes, das der dortigen Bezahlung der Milch nach Qualität zugrunde liegt, aufgenommen. Die Milchgärprobe wurde von diesem Zeitpunkt an gestrichen.

5. Bacterium aerogenes als Erreger des Fadenziehens bei Gär- und Labgärproben.

Gärproben von schleimiger Konsistenz, Gär- und Labgärproben mit fadenziehender Molke wurden von den 420 im Verlaufe eines Jahres untersuchten Milchen verschiedentlich gebildet.

Es konnten insgesamt 62 Proben, also 14,76% dieser Art bemerkt werden. Stärker trat das Fadenziehen in den Monaten März, Mai, Juli und August und dann wieder im Oktober auf. Im Juni wurden diesbezügliche Untersuchungen nicht vorgenommen, in den übrigen Monaten war dieser Fehler weniger häufig, am seltensten im Januar 1929 zu beobachten.

Tabelle 17. *Monatliche Verteilung der fadenziehenden Gärproben.*

Monat	Januar	Februar	März	April	Mai	Juni	Juli	August	September	Oktober	November	Dezember	Januar
Gesamtprobenzahl .	20	35	40	35	40	—	20	50	40	40	40	30	30
Fadenzieh. Proben .	1	2	8	3	11	—	4	12	4	7	4	2	4
Proz. d. fadenz. Prob.	5,0	5,7	20,0	8,6	27,5	—	20,0	24,0	10,0	17,5	10,0	6,7	13,3

Die Sommermonate Mai bis August sind die Zeit, in der die vorwiegend auf Ackerbau eingestellten Milchlieferanten des Weihenstephaner

Einzugsgebietes sicherlich die wenigste Sorgfalt und Mühe auf ihren Milchviehstall und die Milchgewinnung verwenden. Es ist daher erklärlich, daß gerade in diesen Monaten die Verunreinigung der Milch mit den Erregern des Fadenziehens stärker ist als sonst. Das plötzliche Ansteigen der fadenziehenden Proben von 5,7% im Februar auf 20% im März ist vermutlich auf die schlechter werdenden Fütterungsverhältnisse zurückzuführen. Das Rauhfutter geht in dieser Jahreszeit dem Ende zu, die verstaubte und verschmutzte Bodenschicht wird noch zusammengerafft und mit den Staubteilchen die Milch infiziert.

Daß die Verabreichung staubenden Futters die Ursache von fadenziehenden Gärproben sein kann, erhellt ein Vorfall im Stalle eines Weihenstephaner Milchlieferanten. Die früher immer guten Gärproben, welche die Milch aus einem in bezug auf Reinlichkeit und Fütterung sonst gleich vorbildlichen Stalle ergaben, zeigten plötzlich schleimige Beschaffenheit oder Fadenziehen der Molke. Dieser Fehler war prompt mit dem Beginn von Verfütterung unangefeuchteter Trockenschnitzel eingetreten und hörte dann sofort wieder auf, als die Schnitzel vorgequellt wurden und danach im Stalle keinen Staub mehr verbreiten konnten. Auch die Wichtigkeit des Grundsatzes, erst zu melken und dann zu füttern, konnte durch dieses Ereignis bestätigt werden. Er ist besonders bei nicht ganz einwandfreiem Futter nie außer acht zu lassen.

Der Grund für das öftere Auftreten dieses Milchfehlers im Monat Oktober hingegen ist wohl darin zu suchen, daß die Milchtiere zum Teil bei schon ziemlich kalter und feuchter Witterung noch zur Nachweide auf die Wiesen getrieben werden, und daß das Futter im Stalle aus den gerade in diesen Wochen anfallenden Rüben- und Krautblättern besteht, die meist recht erheblich mit Erdteilchen verschmutzt sind. Aber auch die Witterungsverhältnisse können eine Rolle spielen. Es zeigt dies deutlich ein Vergleich des Probenausfalles im kalten frost-trockenen Monat Januar 1929 mit dem des feuchtwarmen gleichen Monats des Jahres 1930. Im ersteren traten nur 5% fadenziehende Gärproben, in letzterem 13,3% auf.

Bei Beurteilung der Gär- und Labgärproben fiel auf, daß *das Fadenziehen sicherer durch die Gärprobe nachgewiesen wird als durch die Labgärprobe*. Während bei 62 Gärproben schleimige Konsistenz des Gerinnsels oder fadenziehender Molke beobachtet werden konnte, zeigten von den zugehörigen Labgärproben aus denselben Milchen nur 19 diesen Fehler an. Eine Labgärprobe mit fadenziehender Molke wurde auch nicht gefunden, ohne daß nicht die parallele Milchgärprobe Fadenziehen anzeigte. Die Überlegenheit der Gärprobe beim Auffinden von Erregern des Fadenziehens in Milch gegenüber der Labgärprobe beruht aber unseres Erachtens nur darauf, daß die Gärprobe doppelt solange bebrütet wird wie die Labgärprobe. Den Erregern wird dadurch in jener länger die Möglichkeit gegeben, sich zu vermehren und zu wirken. *Aufsberg*[2] schlägt ja sogar, um diesen Fehler aufzudecken, eine Verlängerung der Gärprobendauer bis zu 36 Stunden vor.

Schleimbildungsvermögen besitzen nach *Henneberg*[28] häufig die Aerogenesarten, auch *Dalla Torre*[13] ermittelte Bact. aerogenes als Ursache fadenziehender Milch, nach *Hammer*[25] sind Erreger der Schleimbildung oder des Fadenziehens hauptsächlich das Bact. viscosum und Vertreter der Coli-aerogenes-Gruppe.

Düggeli[21] fand bei Gärprobentypen mit fadenziehender Molke eine Mikroflora, die sich in der Hauptsache aus „viscosen"-Rassen von Streptococcus lactis und Bacterium casei zusammensetzte, untermischt mit Vertretern der Coli-aerogenes-Gruppe, Bact. prodigiosum, Kokken und Oidien.

Uns selbst gelang es verschiedentlich, aus fadenziehender Molke von Gärproben ein *Gram-negatives Kurzstäbchen* mit starkem Gas- und Schleimbildungsvermögen zu isolieren, das als Bact. aerogenes anzusprechen war. Daß in den meisten Fällen Bact. aerogenes wirklich der Erreger von Schleimbildung und Fadenziehen in unseren Gärproben war, gibt das Verhältnis der durch Gasbildung aus Lactose erhaltenen Coli-aerogenes-Zahl zu dem durch Indolbildung gefundenen Colititer an, wobei angenommen ist, daß die Gasbildner in erster Linie Aerogenes-, die Indolbildner echte Colibakterien sind.

Während die Gesamtzahl von 245 Milchproben durchschnittlich 126 Gasbildner und 691 Indolbildner, bezogen auf 100000 Keimgruppen, aufwies, betragen diese nach Ausschluß der 37 Milchen, die in der Gärprobe Fadenziehen oder Schleimbildung zeigten, 114 und 712. Die fadenziehenden Proben allein kamen von Milchen, die 186 Gasbildner und 565 Indolbildner unter 100000 Keimgruppen enthielten. Das Verhältnis von Gasbildnern zu Indolbildnern war demnach im Durchschnitt sämtlicher Proben 1:5,48, im Durchschnitt der nichtfadenziehenden 1:6,26 und in dem der fadenziehenden 1:3,03. Dieses Engerwerden des Verhältnisses kann als Beweis dafür gelten, daß die gasbildenden Aerogenesbakterien in den Milchen, welche fadenziehende Gärproben lieferten, um etwa 50% stärker vertreten waren als in denjenigen, die ein Fadenziehen der Gärproben nicht verursachten. Der Schluß auf *Bact. aerogenes als hauptbeteiligter Erreger des Fadenziehens* hat demnach wohl in den allermeisten Fällen seine Berechtigung.

Da die mit diesem Erreger infizierte Milch sowohl Schwierigkeiten in der Butterei (bei fadenziehendem oder schleimbildendem Rahm entsteht Schaumbildung im Butterfertiger, welche das Zusammenfließen der Fetttröpfchen verhindert) als auch in der Käserei hervorruft (die Molke kann schleimig-fadenziehend und daher nur schlecht ablaufen), ist bei Auftreten dieses Fehlers die unter Umständen verlängerte Milchgärprobe zur Aufsuchung der zweifelhaften Milch anzustellen.

Tabelle 18. *Das Vorkommen fadenziehender Gärproben aus der Milch einzelner Lieferanten.*

Laufende Nr.	Gesamt-probenzahl	Fadenziehende Gärprob.		Laufende Nr.	Gesamt-probenzahl	Fadenziehende Gärprob.	
		Zahl	%			Zahl	%
1	6	—	—	12	13	2	15,39
2	8	—	—	13	13	2	15,39
3	9	—	—	14	12	2	16,66
4	10	—	—	15	5	1	20,00
5	11	—	—	16	11	3	27,27
6	12	—	—	17	11	3	27,27
7	12	—	—	18	6	2	33,33
8	14	1	7,24	19	11	4	36,36
9	14	1	7,24	20	12	5	41,66
10	14	1	7,24	21	13	9	69,23
11	13	2	15,39	—	—	—	—

Betrachten wir die Gärproben von 21 Lieferanten (Tab. 18), die vom Juli 1929 bis zum Januar 1930 des öfteren zur Untersuchung kamen, so sehen wir, daß bei 7 von ihnen niemals eine Probe wegen Fadenziehens zu beanstanden war. Bei 3 weiteren Lieferanten konnten jeweils nur in einer von 14 untersuchten Milchen Erreger des Fadenziehens mit Hilfe der Gärprobe erkannt werden. 15—17% der Gärproben, also etwas mehr als der mit rund 15% festgestellte Durchschnitt, zeigten bei 4 Lieferanten fadenziehende Molke oder schleimige Gerinnsel. Die Milchen der restlichen 7 Lieferanten (Nr. 15—21) wurden weit öfter, als es dem Durchschnitt entspricht, in der Gärprobe fadenziehend. Der prozentuale Höchstanteil an fadenziehenden Gärproben wurde mit 69,23% bei einem Lieferanten festgestellt.

Die verschiedene Verteilung der fadenziehenden Gärproben auf die einzelnen Lieferanten — ein Teil ist ganz frei davon, ein anderer sehr stark damit behaftet — macht klar, daß dieser Fehler nicht hin und wieder bald in der Milch des einen, bald in der eines anderen Stalles auftritt, sondern daß *mit einer gewissen Sicherheit die Milch eines Lieferanten nicht, die eines anderen sehr häufig mit den Erregern des Fadenziehens verseucht ist.*

IV. Untersuchungen über das Vorkommen anaerober Sporenbildner in Werkmilch.

Schon eingangs wurde erwähnt, daß zur Prüfung von Milch, die in der Hartkäserei Verwendung finden soll, auch der Nachweis anaerober Sporenbildner von Wichtigkeit ist.

Es wurden in der Schweiz wiederholt bei Käsefehlern Angehörige dieser Gruppe sowohl der saccharolytischen (Cl. butyricum) als auch der proteolytischen Reihe (Cl. putrificum) als Ursache gefunden. Cl. putrificum ist ja als Urheber der sogenannten Stinkerkäse bekannt. Vor den früher genannten Autoren *Kürsteiner*[36] und *Wyssmann*[59] trafen auch *Thöni* und *Allemann*[53] bei Untersuchungen von 4 fehlerhaften Emmentalerkäsen neben den Milchsäurebakterien diese beiden charakteristischen Anaerobenformen in großer Menge an, und übereinstimmend mit diesem bakteriologischen Befund waren in der Käsemasse Zersetzungsprodukte, die auf ihre Tätigkeit zurückzuführen waren. *Albus*[1] hat das der saccharolytischen Reihe zugehörige Cl. Welchii als Urheber von Blähungen im Nissler- und Presslertyp in Schweizer Emmentalerkäsen gefunden.

Diese Schädlinge der Hartkäserei sollen nach *Kürsteiner* und *Staub*[37, 38] vor allem in nicht einwandfreiem Silofutter in großen Mengen zu finden sein und es ist dies der Hauptgrund für die Ablehnung der Silomilch in den Emmentalerkäsereien der Schweiz sowohl wie des Allgäus.

Gär- und Labgärprobe sind für den Nachweis anaerober Sporenbildner nicht brauchbar. Sie fallen, wenn die Milch sonst keine käsereischädlichen Bakterien enthält, recht gut aus.

Kürsteiner[37] wendete zu deren Nachweis das Pasteurisieren der Gärprobe an: 10 Minuten erhitzen auf 80—85° vor Einstellen der Proben in den Brutapparat. Wenn in der pasteurisierten Gärprobe Blähungserscheinungen auftraten, dies geschah meist nach 48—96 Stunden, gelang es jedoch *Kürsteiner* nicht immer, aus diesen geblähten Gärproben mit Regelmäßigkeit auch die gefährlichen Blähungserreger nachzuweisen. Aus den Versuchen *Kürsteiners* geht, wie er selbst angibt, hervor, daß die sonst üblichen Milchprüfungsverfahren bei weitem nicht immer die tatsächlich vorliegenden Zustände der Milchbeschaffenheit, insbesondere der Käsereitauglichkeit, erschöpfend erfassen.

Zum Nachweis von anaeroben Sporenbildnern in Milch hat *Weinzirl*[58] den sog. Sporogenes-Test eingeführt, dessen wir uns auch bei den später folgenden Untersuchungen bedienten (Cl. sporogenes ist synonym mit Bac. putrificus verrucosus Zeißler und Paraplectum foetidum Weigmann).

Etwa 1 ccm geschmolzenes Paraffin wird in ein gewöhnliches Reagensglas gegeben, das Ganze mit einem Wattestopfen versehen und im Autoklaven oder Heißluftsterilisator entkeimt. Mittels einer sterilen Pipette werden dann 5 ccm der fraglichen Milch in die wieder abgekühlte, nunmehr sterile Röhre gegeben und 10—15 Minuten lang im Wasserbade bei einer Temperatur von 80° erhitzt. Dadurch schmilzt das Paraffin wieder, steigt in die Höhe, wo es nach dem Erkalten über der Milch einen anaeroben Verschluß herstellt. Das Paraffin soll nach unseren Erfahrungen keinen zu hohen Schmelzpunkt (etwa 52°) haben, weil dann der luftdichte Abschluß ein besserer ist. Durch das Erhitzen wird auch noch der Sauerstoff vollends aus der Milch getrieben und eine wirksamere Anaerobiose hergestellt. Alle vegetativen Formen von Bakterien sind auf diese Weise abgetötet worden, nur die Sporen sind übriggeblieben. Die Röhrchen kommen zwecks Bebrütung 3 Tage in einen Thermostaten von 37°.

Bei Vorhandensein von geschilderten anaeroben Sporenbildnern in der Milch (nicht bloß bei Sporogenes!) wird der Paraffinpfropf infolge des Gasdruckes in der Röhre hochgeschoben, und bei besonders starker Gasbildung kann sogar der Pfropf vollständig aus der Röhre herausgetrieben werden. Dies geschieht häufig, wenn Angehörige der saccharolytischen Gruppe in der Überzahl sind, was sich dabei noch durch einen ausgesprochenen Buttersäuregeruch bemerkbar macht. Sind dagegen in der Milch überwiegend Angehörige der proteolytischen Gruppe vertreten, so ist die Gasbildung weniger stark und tritt oft erst zwischen dem 3. und 5. Tag der Bebrütung in Erscheinung. Vor allem ist dies dann gerne der Fall, wenn die Milch erhöhte Acidität besitzt; unter diesen Umständen keimen übrigens auch die Sporen der saccharolytischen Gruppe meist später aus. Nachstehender Versuch macht dies deutlich.

Es wurde dabei allerdings nicht mit den nur schwer zu züchtenden Reinkulturen von Vertretern der beiden anaeroben Sporenbildnergruppen gearbeitet, sondern nur mit Anreicherungskulturen von ihnen.

Wir erhielten diese, indem wir die aus den jeweils typischen Anaerobenröhren erhaltenen Rohkulturen wieder in sterile Milch weiter verimpften. In dem einen Falle bildete sich dann auch der nach *Henneberg*[28] für Cl. butyricum typische schwammige Caseinkuchen mit Blähungslöchern und starkem Buttersäuregeruch, im anderen Falle zeigte sich Peptonisierung der Milch und penetranter Limburgergeruch. Um mit Sicherheit genügend Sporen zu erhalten, wurden die betreffenden Kulturen 3 Wochen stehengelassen. Als hierauf von jeder Rohkultur 0,1 ccm in je 2 Paraffinröhren, die 5 ccm sterile Milch enthielten, verimpft und diese, wie sonst üblich, pasteurisiert und bebrütet wurden, zeigte sich in den Röhren mit der Cl. butyricum-Rohkultur nach 2 Tagen eine starke Blähung, typischer Buttersäuregeruch und eine Zusammenballung des Caseins unter starker Molkenausscheidung. In den Röhren mit der Cl. putrificum-Rohkultur war nur eine geringe Blähung, aber eine starke Eiweißzersetzung und typischer Limburgergeruch zu bemerken. Die beiden Rohkulturen enthielten also genügend anaerobe Sporenbildner, und in der einen überwogen die der saccharolytischen, in der anderen die der proteolytischen Gruppe.

Angeregt durch die Beobachtung, daß bei Milch mit hohem Säuregrad und bei geronnener Milch die Weinzirl-Probe häufig innerhalb 3 Tagen anaerobe Sporenbildner nicht anzeigte, obwohl die Milch bestimmt mit ihnen verunreinigt war, suchten wir den Zusammenhang zwischen dem *Säuregrad der Milch* und dem *Reaktionseintritt der Weinzirlschen Anaerobenprobe* zu klären, wobei zunächst *Cl. butyricum-Kultur* verwendet wurde. Der Säuregrad der bei den Versuchen gebrauchten Milch wurde durch Zugabe von steriler Milchsäure stufenweise erhöht, wobei davon ausgegangen wurde, daß 1° Säure nach *Soxleth-Henkel* 0,0225 g Milchsäure entspricht. Bei einigen Stichproben wurde die Erhöhung des Säuregrades auch durch Zusatz von Rahmsäuerungskultur bewerkstelligt.

Bei dem ersten Versuch wurden auf diese Weise von derselben Milch Proben mit abgestuften Säuregraden von 7,0 bis 17,0 S.-H. (0,158—0,383 % Säure) in Paraffinröhren gegeben; jede Probe wurde mit 0,1 ccm der Cl. buytricum-Rohkultur beimpft. Durch diese Zugabe wurde der Säuregrad noch um 1° S.-H. erhöht. Die beimpften Paraffinröhren wurden nach Vorschrift behandelt. Es zeigte sich dabei schon beim Pasteurisieren der Röhren, daß sämtliche Proben mit einem höheren Säuregrad als 12° S.-H. (0,270 % Säure) während des Erhitzens zur Gerinnung kamen. Nach 24 Stunden hatte sich in sämtlichen Röhren Gas gebildet. Die Gasbildung war zunächst bei den Proben bis 12° H.-S. (0,270 % Säure) von mittlerer Stärke, nach 48 Stunden zum Teil sehr stark. Bei den Proben mit einem Säuregrad über 12 S.-H. war die Gasbildung auch sehr deutlich, aber sowohl am ersten wie auch an den folgenden Beobachtungstagen etwas schwächer. Vom 2. bis 5. Tag war bei sämtlichen Proben keine Veränderung des Gasdruckes mehr zu sehen.

Dieser Vorversuch besagte also, daß *bis zu 18°S.-H. (0,405% Säure) keine Verzögerung im Eintreten der Gasbildung eintritt, daß aber in Milch, die nach vorstehendem über 12° S.-H. (0,270% Säure) aufweist und beim Pasteurisieren gerinnt, die Stärke der Gasbildung herabgesetzt ist.*

Die Ergebnisse des 2. Versuches, bei dem unter denselben Voraussetzungen bis zu höheren Säuregraden gegangen wurde, sind in Tab. 19 niedergelegt.

Tabelle 19. *Gasbildung durch anaerobe Sporenbildner der saccharolytischen Gruppe in Milch mit erhöhtem Säuregrad.*

Nr.	Grad S.-H.	Säure %	1. Tag	2. Tag	3. Tag	4. Tag	5. Tag	6. Tag
1	9,0	0,203	2 XX	2 XXX	2 XXX	2 XXX	2 XXX	2 XXX
2	19,0	0,428	2 X	2 X	2 X	2 X	2 X	2 X
3	20,5	0,461	2 X	1 XX 1 X	1 XX 1 X	1 XX 1 X	1 XX 1 X	1 XX 1 X
4	21,5	0,484	—	2 X	2 X	2 X	2 X	2 X
5	22,5	0,506	—	2 X	2 X	2 X	2 X	2 X
6	24,0	0,540	—	—	—	2 X	2 X	2 X
7	25,5	0,574	—	—	—	2 X	2 X	2 X
8	26,5	0,596	—	—	—	1 (0)	1 (0)	1 (0)
9	27,5	0,619	—	—	—	—	2 (0)	2 (0)
10	28,0	0,630	—	—	—	—	2 (0)	2 (0)
11	29,0	0,653	—	—	—	—	2 (0)	2 (0)

Blähungsgrad: XXX = sehr stark; XX = mittelstark; X = deutlich wahrnehmbar; (0) = zweifelhaft bis Blasenbildung; 2, 1 = Zahl der Röhren.

Nur Probe 1, nämlich die Ausgangsmilch mit 9° S.-H., zeigte bereits am 1. Beobachtungstage mittelstarke Gasbildung an, die dann am 2. Beobachtungstage ihr Maximum erreichte. Auch die Proben 2 und 3 mit 19,0 und 20,5° S.-H. zeigten Gasbildung schon nach 24 Stunden. Die Stärke der Gasbildung jedoch ist verringert. Es trat allerdings bei Probe 3 in einer Röhre noch eine Gaszunahme ein, im übrigen war aber sonst während der ganzen 6 tägigen Beobachtungsdauer eine Veränderung nicht mehr zu bemerken. Bei Milchprobe 4 und 5 war gegenüber den vorhergehenden der Eintritt der Gasbildung um 1 Tag verschoben. Bei Probe 6 und 7 mit 24,0 und 25,5° S.-H. (0,540 und 0,574% Säure) fiel diese erst auf den 4. Tag. Immerhin war bis jetzt bei allen diesen Proben die Gasbildung deutlich sichtbar, kenntlich an dem nach oben geschobenen Paraffinpfropfen. Die Proben mit einem höheren Säuregrad als 25,5 S.-H. (0,574% Säure) bildeten nur eine kleine Blase unter dem Paraffinpfropf und ließen eine Gasbildung zweifelhaft erscheinen. Die Blase konnte mit Ausnahme eines Falles erst vom 5. Beobachtungstage ab beobachtet werden.

Dieser zweite Versuch legt weiterhin dar, daß *bei Milchproben mit höherem Säuregrad das Wachstum bzw. das Gasbildungsvermögen der anaeroben Sporenbildner der saccharolytischen Gruppe vermindert ist und daß sich von 21° S.-H. (0,473% Säure) ab mit weiterer Zunahme des Säuregrades auch der Eintritt der Gasbildung verzögert.* Je näher eine

Milch an der Grenze der natürlichen Gerinnung steht, desto undeutlicher ist das Ergebnis der Weinzirl-Probe und um so wichtiger eine längere Beobachtungszeit; dies gilt besonders auch für Milch, die schon geronnen ist.

In derselben Art wie die beiden Versuche wurde noch ein dritter unter Zugabe von Sporenflüssigkeit der *Putrificusgruppe* durchgeführt.

Tabelle 20. *Gasbildung durch anaerobe Sporenbildner der proteolytischen Gruppe in Milch mit erhöhtem Säuregrad.*

Nr.	S. H.	% Säure	1. Tag	2. Tag	4. Tag	5. Tag	6. Tag
1	9,0	0,203	—	2 X	2 XX	2 XX	2 XX
2	10,0	0,225	—	2 X	2 XX	2 XX	2 XX
3	11,0	0,248	—	2 X	2 XX	2 XX	2 XX
4	12,0	0,270	—	2 (0)	2 XX	2 XX	2 XX
5	13,0	0,293	—	1 X	2 XX	2 XX	2 XX
6	14,5	0,326	—	2 (0)	2 X	2 X	2 X
7	15,5	0,349	—	2 (0)	2 X	2 X	2 X
8	16,5	0,371	—	2 (0)	2 X	2 X	2 X
9	17,5	0,394	—	—	1 X 1 (0)	1 X 1 (0)	1 X 1 (0)
10	18,0	0,405	—	—	1 X 1 (0)	1 X 1 (0)	1 X 1 (0)
11	19,0	0,428	—	—	2 (0)	2 (0)	2 (0)
12	20,0	0,450	—	—	2 (0)	2 (0)	2 (0)

Blähungsgrad: XXX = sehr stark; XX = mittelstark; X = deutlich wahrnehmbar; (0) = zweifelhaft bis Blasenbildung; 2, 1 = Zahl der Röhren.

Hier war als erstes auffallend, daß bei keiner der Proben eine Gasbildung schon nach 24 Stunden Bebrütung eintrat, und daß diese am 2. Tag auch bei den Milchen mit Säuregraden unter 12 S.-H. (0,270% Säure) schwächer einsetzte als bei der Butyricusverimpfung. Auch an den folgenden Tagen stieg die Gasbildung nur bis zur mittelstarken an und kam nie darüber hinaus. Bei den Milchproben über 13—16,5° S.-H. (0,293—0,371% Säure) verstärkte sich die am 2. Tage sichtbar gewordene Blasenbildung innerhalb von 2 weiteren Tagen doch noch zur deutlichen Gasbildung. Die Proben 9 und 10 mit 17,5 und 18 Säuregraden (0,394 und 0,405% Säure) zeigten eine deutliche Gasbildung nur in einer Röhre, während die andere Blasenbildung aufwies. Die letzten beiden Milchen, die auf Säuregrad 19 und 20 (0,428 und 0,450% Säure) eingestellt waren, zeigten allein Blasenbildung unter dem Paraffinpfropf, eine Verstärkung zur deutlich wahrnehmbaren Gasbildung trat jedoch innerhalb 10 Tagen nicht ein.

So ist auch bei diesen Versuchen mit zunehmendem Säuregrad eine Abnahme des Gasbildungsvermögens der anaeroben Sporenbildner, hier eines Vertreters der proteolytischen Gruppe zu erkennen, und zwar in bezug auf den Zeitpunkt des Eintrittes der Gasbildung sowohl als auch der Stärke.

Beim Vergleich der sämtlichen Versuche ergibt sich zusammenfassend, daß das Gasbildungsvermögen unter den Versuchsbedingungen bei den Angehörigen der proteolytischen Gruppe sowohl schwächer als auch langsamer ist als bei jenen der saccharolytischen, und daß erstere durch die Acidität der Milch viel stärker in ihrem Entwicklungsvermögen gehemmt werden. Die Aciditätsgrenze ist für ihre Entwicklung (unter den Bedingungen der Weinzirl-Probe!) ein Säuregrad von 17,5—18 S.-H. (0,390—0,405% Säure), während sie für die saccharolytische Gruppe 26° S.-H. (0,585% Säure) beträgt. Eine Verlängerung der Bebrütungsdauer von 3 auf 5 Tage erscheint demnach bei Milchen mit erhöhtem Säuregrad angebracht.

Von 230 Milchen, die im Laufe von 7 Monaten (Juli 1929 bis mit Januar 1930) mit Hilfe der Weinzirlschen Anaerobienprobe auf Vorhandensein anaerober Sporenbildner geprüft wurden, reagierten 166 (= 70,22%) durch mehr oder weniger starke Gasbildung positiv. Anaerobe Sporenbildner sind also im Weihenstephaner Einzugsgebiet in hohem Maße verbreitet. (Dies erklärt auch, warum sich der Fabrikation von sog. Sayamilch nach Sanitätsrat Dr. *Wehsarg* gerade in Weihenstephan unvorhergesehene Schwierigkeiten in den Weg stellten; der Geschmack und die Haltbarkeit dieser Dauermilch wird durch das Vorhandensein anaerober Sporenbildner beider Gruppen sehr beeinträchtigt.) Bei 58,43% der mit anaeroben Sporenbildnern infizierten Milchen waren überwiegend die der saccharolytischen, bei den übrigen 41,57% die der proteolytischen Gruppe anwesend, soweit dies auf Grund des in den Anaerobenröhren auftretenden Geruches und der Art der Eiweißzersetzung festzustellen möglich war.

Die Verunreinigung der Milch mit anaeroben Sporenbildnern war *am geringsten* in den Monaten *Juli und August,* doch waren auch damals schon 64,5% der untersuchten Milchen diesbezüglich zu beanstanden. Im *September* erreichte die Verunreinigung mit 83,3% den *Höhepunkt* und blieb auch in den übrigen Monaten über dem Durchschnitt von 70%, wechselnd von 72,5—76,7%.

Gärfutter wurde in den Ställen, aus denen die untersuchten Milchen stammten, nur in 2 Fällen verabreicht. Vielleicht hat die vermehrte Infizierung mit diesen Hartkäsereischädlingen in den Herbst- und Wintermonaten ihre Ursache in einer gegenüber den Sommermonaten vermehrten Verabreichung von *Kraftfutter* und *Futtermehlen,* die bekanntlich häufig Träger anaerober Sporenbildner sind. *Kürsteiner*[36] berichtet, daß nach *Düggeli* und *Wiegner* z. B. Cl. putrificum in Kraftfuttermitteln, speziell im Erdnußmehl, häufig vorkommt. In frischen Erdnußkuchen haben diese in 55% und in Mehlen in 37% der untersuchten Proben Cl. putrificum in kleinerer oder größerer Zahl nachgewiesen.

Tab. 21 gibt das Vorkommen von anaeroben Sporenbildnern in der Milch von 19 Lieferanten an, die mehrfach in dem Zeitraum von sieben Monaten zur Prüfung kamen. 8 Lieferer brachten Milch, bei der die Häufigkeit des Auftretens anaerober Sporenbildner unter dem mit 70% festgestellten Durchschnitt war. Die Milch von den übrigen 17 Lieferanten wies in mehr als 70% der Fälle anaerobe Sporenbildner auf.

Tabelle 21. *Das Vorkommen anaerober Sporenbildner in der Milch einzelner Lieferanten und Vergleich mit der Coli-aerogenes-Verhältniszahl.*

Nr.	Gesamt-Proben-zahl	Weinzirl-Probe positiv		Überwiegen der				Durch-schnittliche Coli-Aerogenes-Zahl
				Saccharolyten		Proteolyten		
		Proben-zahl	%	Proben-zahl	%	Proben-zahl	%	
1	6	1	16,7	—	—	1	100.0	84
2	12	5	41,7	3	60,0	2	40,0	13
3	13	7	53,8	—	—	7	100,0	81
4	11	6	54,5	3	50,0	3	50,0	83
5	11	6	54,5	4	66,7	2	33,3	247
6	11	7	63,6	3	42,9	4	57,1	26
7	9	6	66,7	3	50,0	3	50,0	17
8	12	8	66,7	6	75,0	2	25,0	35
9	10	7	70,0	3	42,9	4	57,1	485
10	12	9	75,0	3	33,3	6	66,7	18
11	10	8	80,0	8	100,0	—	—	19
12	8	7	87,5	5	71,4	2	28,6	12
13	9	8	88,9	6	75,0	2	25,0	15
14	11	10	99,9	5	50,0	5	50,0	112
15	10	10	100,0	5	50,0	5	50,0	20
16	10	10	100,0	7	70,0	3	30,0	473
17	11	11	100,0	9	81,8	2	18,2	7
18	11	11	100,0	9	81,8	2	18,2	29
19	7	7	100,0	7	100,0	—	—	41

Bei 5, gut dem 4. Teil aller untersuchten Lieferanten, waren sämtliche Milchproben mit diesen Bacillenarten verunreinigt. Die Tabelle zeigt, daß solche Verunreinigung bei den verschiedenen Lieferanten sehr verschieden stark ist.

Weinzirl will auf Grund eines positiven Ausfalles seine Sporogenes-Tests auf *Verschmutzung der Milch mit Kuhmist* schließen. *Hudson* und *Tanner*[30] sowie *Ayers* und *Clemmer*[3] fanden allerdings, daß dieser Schluß *nicht eindeutig* sei, weder hinsichtlich der Herkunft noch der Art der Organismen. Daß bei der Weinzirl-Probe auch andere anaerobe Sporenbildner als gerade Cl. sporogenes zum Zuge kommen, ist inzwischen auch von *Demeter*[18] berichtet und mit entsprechenden Abbildungen belegt worden. Unsere voraus geschilderten Untersuchungen bringen eine Bestätigung dieser Tatsache.

Als ein brauchbares Verfahren, den *Verschmutzungsgrad* einer Milch festzustellen, selbst wenn diese vorher durch einen Wattefilter gereinigt sei, bezeichnen *Klimmer, Haupt* und *Borchers*[33] die Bestimmung der Coli-aerogenes-Bakterien.

Wenn eine sichere Beziehung zwischen dem Sporogenes-Test und der Milchverschmutzung bestünde, müßte unserer Ansicht nach auch eine solche zwischen diesen und der Coli-aerogenes-Zahl zu bemerken sein. Ein derartiger Vergleich, s. Tab. 21, Rubrik Coli-aerogenes-Zahl, zeigt aber, daß die Lieferanten, die weniger oft, als es dem Durchschnitt entspricht, Milch mit anaeroben Sporenbildnern brachten, sowohl niedrige

als hohe Coli-aerogenes-Zahlen in ihren diesbezüglichen Milchen aufwiesen. Ebenso ist dies für die Milch der 11 Lieferanten zutreffend, die
mit dem Vorkommen an anaeroben Sporenbildnern über dem Durchschnitt stehen.

Nr. 3 und 10 sind Betriebe, die ihre Milchkühe sommers auf die
Weide schicken und ihnen winters vorwiegend Silage und Kraftfutter
verabreichen. Daß Gär- und Kraftfutter und daneben auch Weide-
fütterung eine erhöhte Anreicherung der Milch an Sporenbildnern mit
sich bringen, trifft also, wie diese Betriebe beweisen, nicht immer zu.
Freilich wird in diesen beiden besonderen Fällen den Tieren auch nur
bestes Futter vorgelegt, wie es ja eigentlich für jeden Milchviehstall
gefordert werden muß.

Wie der Anteil der sporenhaltigen Milchen bei den einzelnen Lieferanten sehr verschieden ist, so ist auch das Verhältnis von anaeroben
Sporenbildnern der saccharolytischen zu denen der proteolytischen
Reihe sehr wechselnd. Die Milch von 4 Betrieben zeigt immer nur Angehörige einer Gruppe an, und zwar zwei davon (Nr. 11 und 19) der
saccharolytischen und zwei (Nr. 1 und 3) der proteolytischen. Die Angehörigen der saccharolytischen Reihe überragen sonst in der Regel
die der proteolytischen, am häufigsten tritt dies bei den Lieferanten
ein, von denen mehr als 70% der Milchen bei der Weinzirl-Probe ein
positives Ergebnis aufweisen.

Daß die anaeroben Sporenbildner fehlerhafte Produkte in der Hartkäserei verursachen können, ist durch die Schweizer Untersuchungen
genügend erwiesen. Da sich ferner aus solchen Cl. butyricum oder
Cl. putrificum enthaltenden Käsen infolge der Widerstandsfähigkeit
der Sporen auch keine einwandfreien Schmelzkäse herstellen lassen,
wäre es also auch aus diesem Grunde sehr wichtig, nach den Lieferanten solcher sporenhaltiger Milchen zu forschen. Die *Weinzirl-Probe*
scheint hierfür *auch in der Praxis geeignet*, da sie keine umständliche
Nährbodenherstellung erfordert. Beste Reinigung und absolute Sterili-
sierung der zur Anstellung der Proben verwendeten Reagensgläser ist,
wie es übrigens auch bei den Gläsern für die Durchführung der Labgärprobe sein sollte, freilich Vorbedingung dafür, daß keine Fehl-
schlüsse entstehen. Solche Betriebe, die keinen Heißluftsterilisator
oder Autoklaven besitzen, müssen sich die mit Paraffin beschickten
Röhren in einem Laboratorium sterilisieren lassen; denn durch längeres
Erhitzen im Dampftopf oder Wasserbad werden nur die Sporen der
Buttersäurebacillen, nicht aber diejenigen der Sporogenes-putrificus-
Gruppe abgetötet. Die Bebrütung der Proben kann in vorhandenen
Labtemperierkästen vorgenommen werden (allerdings ist dann darauf
zu achten, daß eine evtl. mögliche Infektion des Labes von vornherein
ausgeschaltet wird!).

Bei Lieferanten, die öfter mit anaeroben Sporenbildnern verunreinigte Milch anliefern, wären die Stall- und Fütterungsverhältnisse zu prüfen, damit Mängel, welche die Ursache sein könnten, abgestellt werden. Auch die Bezahlung der Milch nach Qualität, gestützt auf die Weinzirl-Probe im Verein mit der Labgärreduktaseprobe, wäre sicher als außerordentlich *erzieherisch wirkendes Mittel* in Erwägung zu ziehen. Es läßt sich einem Lieferanten seine schlechte Milch mit nichts besser vor Augen führen als mit einer Reagenzröhre, deren übelriechender Inhalt im Begriffe steht, durch Gasentwicklung den Paraffinpfropfen hinauszuschießen.

V. Anhang.
Versuch einer Änderung der Bebrütungstemperatur bei Milchgär- und Labgärprobe.

Die bei Durchführung der Milchgär- und Labgärprobe angewendete Bebrütungstemperatur von 38—40° scheint für die Weichkäsereien zunächst nicht angebracht, da Wärmegrade dieser Höhe während des Fabrikationsprozesses gewöhnlich nie erreicht werden. Die durchschnittliche Einlabtemperatur beträgt bei den in Deutschland hergestellten Weichkäsen 34°, selbst bei der der Hartkäserei nahestehenden Tilsiterkäserei wird der Bruch nur für kurze Zeit während des Nachwärmens auf eine höhere Temperatur gebracht, die aber bald wieder absinkt. Einige Temperaturmessungen der eingelabten Milch und dann im Bruche selbst bei Herstellung von Camembert- und Romadurkäschen ergaben schon nach verhältnismäßig kurzer Zeit ein Abfallen der Wärmegrade von 34 auf 32°, und im Verlauf von 6 Stunden auf 27°. So ist es erklärlich, daß eine Übereinstimmung der beiden praktischen Proben zur Bestimmung der Käsereitauglichkeit mit dem Ausfall der Weichkäserei selbst nur in geringem Maße vorhanden ist; denn je nach dem Temperaturverlauf werden bald die einen, bald die anderen Bakterienarten begünstigt und sich auswirken. Bei der Gär- und Labgärprobe können deshalb ganz andere Keimarten die Oberhand erlangen und diese Proben beeinflussen als dies bei den Käsen aus derselben Milch eintritt.

Um zu sehen, wie sich Milchgär- und Labgärprobe bei einer mehr der Weichkäserei angepaßten Temperatur im Vergleich zu der sonst üblichen verhalten, wurden von etwas über 100 verschiedenen Milchen die beiden Proben im Wasserbad sowohl bei 39° als auch bei 32° angestellt. Die Ergebnisse sind in Tab. 22 und dem Diagramm 11 zusammengefaßt.

Es springt sofort in die Augen, daß die Proben bei einer Bebrütungstemperatur von 32° gegenüber der von 39° eine wesentliche Verschiebung nach den günstigeren Punktzahlen hin zeigen. Bei 39° nehmen die

Tabelle 22. *Ausfall der Gär- und Labgärprobe, bebrütet bei 39 u. 32°.*

	Gärprobe					Labgärprobe			
Punkt-zahhl	Probenzahl		Proben in %		Punktzahl	Probenzahl		Proben in %	
	39°	32°	39°	32°		39°	32°	39°	32°
0	11	—	10,00	—	0	16	8	15,53	7,77
1	10	—	9,09	—	2	22	23	21,36	22,33
2	20	1	18,18	0,91	4	30	36	29,13	34,95
3	37	12	33,64	10,91	6	27	27	26,21	26,21
4	27	49	24,55	44,54	8+10	8	9	7,77	8,74
5	5	48	4,54	43,64	—	—	—	—	—
Sa.	110	110	100,00	100,00	Sa.	103	103	100,00	100,00

Gärproben mit 0 Punkten 10%, die Gärproben mit 1 Punkt 9,09% und die Gärproben mit 2 Punkten 18,18% aller Proben ein. Bei 32° aber sind die Gärproben mit 0 und 1 Punkten überhaupt nicht, die Gärproben mit 2 Punkten nur mit 0,91% vertreten. Den Hauptanteil der Proben finden wir mit 33,64% bei 39° bei den Gärproben mit 3 Punkten, bei 32° weist dieselbe Rubrik nur 10,91% auf. Die Höchstzahl der Proben liegt bei 32° bei den Gärproben mit 4 Punkten mit 44,54% und nur wenig stehen ihnen, mit 43,64%, die Gärproben mit Punktzahl 5 nach. Die entsprechenden Gärprobengruppen bei 39° zeigen 24,55 bzw. 4,54% auf. Die Zahl der *besten* Gärproben übertrifft also bei einer Bruttemperatur von 32° die mit einer solchen von 39° um mehr als das 9fache. *Der durchwegs bessere Ausfall der Gärprobe mit der jeweils niedrigeren Temperatur ist unverkennbar.*

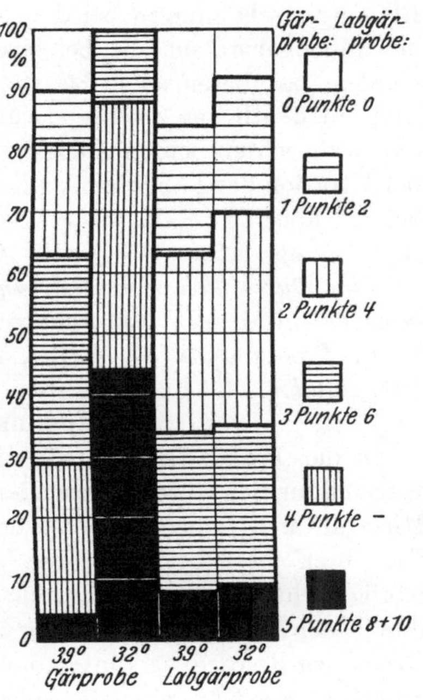

Abb. 11. Vergleich zwischen Ausfall der Milchgär- und Labgärprobe bei unterschiedlicher Bebrütungstemperatur (39° und 32°).

Auch bei der bei 32° durchgeführten *Labgärprobe* ist eine Besserung der Proben gegenüber den bei 39° angestellten zu beobachten, die sich allerdings wesentlich nur bei den schlechtesten Proben mit 0 Punkten zeigt. Diese betragen bei der Bebrütungstemperatur von 39° 15,53% aller Proben, bei 32° nur die Hälfte, 7,77%, dafür machen die Labgärproben mit 2 Punkten bei 32° etwa 3% mehr, die mit 4 Punkten etwa 6% mehr aus als dieselbe bei 39°. Der Anteil der Labgärproben mit

Punktzahl 6 ist bei beiden Temperaturen gleich, annähernd dasselbe ist der Fall bei den mit 8 und 10 Punkten qualifizierten Labgärproben (nur 1% Unterschied), die hier zu einer Gruppe zusammengefaßt sind. *Die bei der üblichen Bruttemperatur guten Labgärproben wiesen bei niedrigerer Temperatur etwa das gleiche Bild auf, zumeist war nur der Griff etwas weicher. Die bei der üblichen Temperatur schlechten Labgärproben zeigten bei der niedrigeren Temperatur ein besseres Aussehen, besonders das Auftreten von schwammig-geblähten Pfropfen war ein wesentlich geringeres.* Auffallend war die Menge grießiger Proben, die eine Beurteilung sehr erschwerten, da Blähungslöcher bei ihnen schlecht festzustellen sind.

Diese größere Anzahl der grießigen Labgärproben, die verringerten Blähungserscheinungen bei den Labgärproben und vor allem auch bei den Milchgärproben, die bei einer Temperatur von 32° durchgeführt wurden, bei diesen auch das stärkere Auftreten des gallertigen Types sind ein deutliches Zeichen dafür; daß bei niederer Temperatur mehr die erwünschten echten Milchsäurebakterien zum Zuge kommen. Daß bei Titration der Labgärmolke diese im Durchschnitt bei 39° 18° S.-H., bei 32° aber 23° S.-H., also 5 Säuregrade mehr ergab, ist eine weitere Bestätigung dafür.

Eine Durchführung von Gär- und Labgärprobe, bei der der Weichkäserei mehr entsprechenden Temperatur von 32° ist nicht angebracht, da die beiden Proben dann den Zweck, fehlerhafte Milchen aufzudecken, nicht mehr erfüllen.

Zusammenfassung.

In der Praxis dienen Reduktase-, Milchgär- und Labgärprobe zur Feststellung der Güte, insbesondere der Käsereitauglichkeit einer Milch. Milchgär- und Labgärprobe werden meist nebeneinander durchgeführt. Die durch diese beiden Proben gewonnenen Resultate stimmen aber häufig nicht miteinander überein, so daß der Wert der Ergebnisse und damit der der Proben selbst zweifelhaft erscheint. In vorliegender Arbeit wurde es daher unternommen, die üblichen Methoden zur Bestimmung der Käsereitauglichkeit genauer nachzuprüfen, um der Praxis evtl. Vorschläge zur Verbesserung ihrer Methoden machen zu können. In erster Linie wurde die direkte mikroskopische Feststellung der Keimzahl und der Nachweis des Coli-aerogenes-Gehaltes zur Kontrolle herangezogen.

Die *Keimzählungen* wurden nach der Breed-Methode vorgenommen, und zwar wurden dabei nicht Einzelkeime, sondern immer *Keimgruppen* gezählt, da sich dies bei den durchschnittlich hohen Keimzahlen von Werkmilch als notwendig erwies. Um auch bei solchen Milchproben, deren Keimgehalt in viele Millionen ging, noch eine Keimzählung vornehmen zu können, wurde statt der sonst üblichen 0,01 ccm in solchen Fällen 0,001 ccm Milch ausgestrichen. Vergleichende Zählungen ein und derselben Milch bei 0,01 und 0,001 ccm Ausstrich ergaben bei letzterem stets etwas höhere Werte, gewöhnlich das 1,5—1,8fache vom üblichen Ausstrich, wobei mit Zunahme der Keimzahl das Verhältnis der beiden Ausstriche stets enger wurde.

Bei einer Prüfung der Keimgruppenzählung durch die Plattenzählung ergab sich ein Übertreffen des Gesamtdurchschnittwertes der Keimgruppenzählung sämtlicher Milchen durch die Plattenzählung um das 1,66fache. Mit geringerem Keimgehalt wird aber die Diskrepanz zwischen den Ergebnissen der Plattenmethode und der direkten Gruppenzählung kleiner, um bei einem Keimgruppengehalt von etwa 400000 je Kubikzentimeter ganz zu verschwinden.

Die Colibakterien bzw. die Angehörigen der *Coli-aerogenes-Gruppe* wurden durch Nachweis von Indolbildung aus Eiweiß und von Gasbildung aus Lactose bestimmt. Zum Indolnachweis erwies sich die von *Kovács* vorgeschlagene Verbesserung des Ehrlich-Pringsheimschen Reagens am geeignetsten. Zwecks Feststellung der Gasbildung aus Milchzucker wurde der Gentianaviolett-Lactose-Peptongallenährboden nach *Keßler* und *Swenarton*, der einen Elektivnährboden für Bact. coli und Bact. aerogenes darstellt, verwendet, zum Teil auch *Klimmers* Lactose-Trypaflavinbouillon. In einem vergleichenden Versuch wurden diese beiden Nährböden in der von den Verff. angegebenen flüssigen Form (Auffangen des sich bildenden Gases in Durham-Röhrchen) und in fester Form (Schüttelagarkultur) neben den Indolnachweis gestellt. Es trat dabei eine Überlegenheit der flüssigen Nährbodenform gegenüber der festen zutage, welche bei dem Keßler-Swenartonschen etwa das 10fache, beim Klimmerschen nur das 4fache betrug. Gentianaviolett-Gallebouillon ergab durchschnittlich höhere Keimzahlen als Trypaflavinbouillon, Gentianaviolett-Galleagar etwas niedrigere als Trypaflavinagar. Die Auswertung der Ergebnisse erfolgte unter Benutzung der von *Mc.Crady* ausgearbeiteten Tabellen für die zahlenmäßige Auswertung von Gärproben.

Betreffs *Gegenüberstellung von Methylenblau-Reduktaseprobe und Keimgruppenzählung* wurde eine neue Einteilung aufgestellt, die sich für einen Vergleich der beiden Resultate brauchbar erwies. Die Keimzahlgrenzen sind in diesem Schema:

$$\begin{aligned}
&\text{Klasse I} \ldots \ldots \quad && 0\text{—}600000, \\
&\text{,, \quad II} \ldots \ldots \quad && 600000\text{—}2,1 \text{ Millionen,} \\
&\text{,, \quad III} \ldots \ldots \quad && 2,1\text{—}12 \text{ Millionen,} \\
&\text{,, \quad IV} \ldots \ldots \quad && \text{über } 12 \text{ Millionen.}
\end{aligned}$$

Die Keimgruppenzählung zeigte sich für eine Beurteilung der Milch nach den 4 Klassen: gut, mittelgut, schlecht und sehr schlecht als gut geeignet. Sie hat vor der Reduktaseprobe noch den Vorteil voraus, daß sie auch Einblick in die Keimart gewährt.

Durch Keimgehaltsfeststellung allein kann aber ein sicheres Urteil über die Käsereitauglichkeit einer Milch nicht abgegeben werden; dabei ist es gleichgültig, ob der Keimgehalt durch die Reduktaseprobe oder die Keimgruppenzählung ermittelt wird. Ein besonderer Nachweis der Käsereischädlinge ist unbedingt geboten. Bei den *Gärproben* macht sich die Neigung bemerkbar, *mit steigendem Keimgehalt* der Ausgangsmilch *bessere Proben* zu bilden. Die schlechten und schlechtesten Proben stammen dementsprechend überwiegend von keimarmen Milchen, *die besseren Labgärproben* dagegen rühren nur zum kleinsten Teil von den keimreichsten Milchen her, bei ihnen sind vielmehr die Milchen mit *mittlerer und geringer Keimzahl* am stärksten beteiligt, schlechte und schlechteste Labgärproben gehen am häufigsten aus keimreichen Milchen hervor.

Mehr als die Keimzahl der Ausgangsmilch besagt die *Coli-aerogenes-Zahl* für die Käsereitauglichkeit. Darunter verstehen wir aber nicht die absolute Anzahl, sondern die *Menge der durch Indol- oder Gasbildung gefundenen Coli-aerogenes-Organismen, bezogen auf 100000 Gesamtkeimgruppen pro Kubikzentimeter Milch.* Die aus der Beobachtung der *Gasbildung aus Lactose* abgeleitete Zahl ist bei der Käsereitauglichkeitsbestimmung besser zu gebrauchen als die aus dem Indolnachweis erhaltene; denn durch Gasbildung, besonders der Aerogenesbakterien, getriebene Käse sind ja auch das größte Übel, das in einer Käserei eintreten kann. Milchproben mit *geringer Coli-aerogenes-Verhältniszahl* lieferten zum größten Teil *mittlere bis beste Milchgär- und ebenso Labgärproben*, Milchproben mit *hoher Coli-aerogenes-Zahl* dagegen *mehr schlechte Gär- und Labgärproben.* Wenn die durch Schüttelkulturen in Gentianaviolett-Galle-Pepton-Lactoseagar gefundene Coli-aerogenes-Zahl 10 pro 100000 Gesamtkeime nicht wesentlich überschreitet, kann meist mit einem guten Ausfall der Käsereitauglichkeitsproben gerechnet werden. Hat dagegen eine Milch eine höhere Coli-aerogenes-Zahl, machen also die Angehörigen der Coli-aerogenes-Gruppe mehr als 0,1 pro Mille der Gesamtkeimzahl aus, darf meist mit einem schlechten Ausfall genannter Proben gerechnet werden.

Da zwischen dem Gesamtkeimgehalt und der Coli-aerogenes-Verhältniszahl der Ausgangsmilch einerseits und dem Ausfall der Labgärprobe andererseits eine bessere Übereinstimmung herrscht als zwischen den beiden bakteriologischen Methoden und dem Ausfall der Milchgärprobe, ist die *Überlegenheit der Labgärprobe gegenüber der Milchgärprobe* erwiesen. Es verdient daher erstere zur Beurteilung der Käsereitauglichkeit mehr Beachtung, als ihr bisher zuteil wurde.

Wenn ein Molkereibetrieb mit *fadenziehender schleimiger Molke* in der Käserei oder fadenziehendem Rahm in der Butterei zu kämpfen hat, so kann die mit den Erregern des Fadenziehens infizierte Milch durch

Anstellen der gewöhnlichen Gärprobe der von jedem einzelnen Lieferanten gebrachten Milch gefunden werden. In diesem Falle scheint diese der Labgärprobe überlegen, wohl wegen doppelt so langer Bebrütungszeit. Das Fadenziehen trat hauptsächlich dann stärker in Erscheinung, wenn Futterübergänge erfolgten oder wenn während der Erntezeit der Milchviehstall vernachlässigt worden war. Bat. aerogenes wurde als häufigste Ursache des Fadenziehens festgestellt. Die Hauptmenge der Milchen, die Milchgärproben mit fadenziehender Molke lieferten, zeigten durch verstärkte Blähung im Keßler-Swenartonschen Nährboden auch vermehrten Gehalt an dieser Keimart an. 15% aller im Laufe eines Jahres untersuchten Milchproben wiesen in der Gärprobe Fadenziehen auf; bei einigen Lieferanten, deren Milch 7 Monate lang laufend zur Untersuchung kam, war dieser Fehler in keinem Falle anzutreffen, bei anderen dagegen sehr häufig.

Während in der Weichkäserei zur Beurteilung einer Milch die Reduktase- und die Labgärprobe oder nach dem Vorschlag *Zeilers* und *Berwigs* die kombinierte Labgär-Reduktaseprobe ausreichenden Aufschluß gibt, ist in der *Hartkäserei* zweckmäßigerweise daneben noch auf das Vorhandensein *anaerober Sporenbildner* zu prüfen, die unter Umständen nachträgliche Blähung der Hartkäse im Keller und Faulstellen hervorrufen können. Welch große Verbreitung anaerobe Sporenbildner in Milch haben können, zeigt das Einzugsgebiet Weihenstephans, waren doch hier 70% aller im Verlaufe eines Jahres untersuchten Milchproben damit behaftet. Bei allen Lieferanten fanden sich mehr oder weniger häufig anaerobe Sporenbildner in der Milch, bei einem Viertel von ihnen konnten solche in allen Fällen regelmäßig nachgewiesen werden. Die saccharolytische Gruppe war häufiger (58%) vertreten als die proteolytische (42%).

Zum Nachweis anaerober Sporenbildner erwies sich die von *Weinzirl* ursprünglich nur zur Prüfung auf Sporogenes gedachte Probe als gut geeignet, nur ist eine Verlängerung der Bebrütungsdauer von 3 auf 5 Tage wünschenswert, wenn Milch mit erhöhtem Säuregrad zur Untersuchung kommt. Bei solcher ist die Wachstumsenergie der anaeroben Sporenbildner schwächer und die Gasbildung tritt mit Verzögerung ein. Je mehr sich der Säuregrad der Milch dem Punkte der natürlichen Gerinnung nähert, desto undeutlicher ist das Ergebnis der Weinzirl-Probe. Die Angehörigen der Putrificusgruppe werden durch die Acidität der Milch mehr gehemmt als die der Butyricusgruppe, bei diesen ist bis zu einem Säuregrad von 26 S.-H. (0,585% Säure) Gasbildung noch sicher zu erkennen, bei jenen von 17° S.-H. (0,383% Säure) ab schon zweifelhaft.

Ein Versuch, die Milchgär- und Labgärprobe bei der der Weichkäserei mehr entsprechenden Temperatur von 32° anzustellen, ergab, daß beide Proben in diesem Falle das zur Beurteilung der Käsereitauglichkeit wichtige Vorkommen von Blähungserregern der Coli-aerogenes-Gruppe in der Milch nur unvollständig anzeigen, da durch die niedrige Temperatur mehr das Wachstum der echten Milchsäurebakterien gefördert wird.

Literaturverzeichnis.

[1] *Albus, W. R.*, A strain of Clostridium Welchii causing abnormal gassy fermentation in Emmental or Swiss cheese. J. Bacter. **15**, 203—206 (1928). — [2] *Aufsberg, Th.*, Die Prüfung der Milch auf Gehalt und Käsereitauglichkeit. Stuttgart: Verlag Ulmer 1908. — [3] *Ayers, S. H.*, and *P. W. Clemmer*, The sporogenes test as an index of the contamination of milk. U. S. Dept. of Agriculture Bull. Nr 940 (1921). — [4] *Barkworth, H.*, The reductase test. Milchwirtsch. Forschgn **9**, 39 (1929), Ref. — [5] *Barthel, Chr.*, Verwendbarkeit der Reduktaseprobe zur Beurteilung der hygienischen Beschaffenheit der Milch. Z. Unters. Nahrgsmitt. usw. **15**, 385—403 (1908). — [6] *Barthel, Chr.*, u. *S. Orla-Jensen*, Über internationale Methoden zur Beurteilung der Milch. Milchwirtsch. Zbl. **41**, 417—429 (1912). — [7] *Breed, R. S.*, and *W. A. Stocking*, The accuracy of bacterial counts from milk samples. New York Agricultural Experiment Station. Technical Bull. Nr 75, Geneva N.Y. 1920. — [8] *Brew, J. D.*, The comparative accuracy of the direct microscopic and agar plate methods in determining the number of bacteria in milk. Dairy Science **12**, 304ff. (1929). — [9] *Brew, J. D.*, and *W. Dotterer*, The number of bacteria in milk. Bull. Nr 439, New York Agricultural Experiment Station, Geneva N.Y. 1917. — [10] *Burri, R.*, Welche Faktoren bedingen hauptsächlich die Käsereitauglichkeit von Milch? Schweiz. Milchztg **48**, H. 38 (1922). — [11] *Burri, R.*, Milchbeschaffenheit und Käsequalität. Schweiz. Milchztg **53**, H. 16/17 (1927). — [12] *Christiansen, W.*, Das Wesen der Reduktaseprobe und ihre Bedeutung für die Praxis. Molkereiztg Hildesheim **40**, 1819—1822 (1926). — [13] *Dalla Torre*, Ein Fall von fadenziehender Milch, bedingt durch Bact. aerogenes. Milchwirtsch. Zbl. Ref. **49**, 70 (1920). — [14] *Demeter, K. J.*, Die mikroskopische Keimzahlbestimmung nach Breed. Süddtsch. Molkereiztg **49**, 964—965 (1928). Siehe auch Handbuch der Milchwirtschaft **1** (1930). Wien: Verlag Julius Springer. — [15] *Demeter, K. J.*, Die indirekte Bakterienzählmethode (sogenannte Plattenmethode) Süddtsch. Molkereiztg **49**, 1290 (1928). — [16] *Demeter, K. J.*, Der Nachweis der Coli-aerogenes-Gruppe in Milch. Milchwirtsch. Zbl. **58**, 261, 278 ,293 (1929). — [17] *Demeter, K. J.*, Gedanken über die Notwendigkeit der Keimzahlbestimmung in Milch, über die Zweckmäßigkeit einer amtlichen Stall- und Betriebskontrolle, sowie über die Möglichkeit ihrer Durchführung. Süddtsch. Molkereiztg **50**, 353 bis 354 (1929). — [18] *Demeter, K. J.*, Bedeutung, Bekämpfung und Nachweis der sporenbildenden Bakterien in Milch. Süddtsch. Molkereiztg **51**, 509—514 (1930). — [19] *Diethelm, M.*, Milchgärprobe. Milchztg Bremen **16**, 638 (1887). — [20] *Dons, R.*, Zur Beurteilung der Reduktaseprobe (Gärreduktase). Zbl. Bakter. II, **40**, 132—153 (1914). — [21] *Düggeli, M.*, Die bakteriologische Charakterisierung der verschiedenen Typen der Milchgärprobe. Zbl. Bakter. II, **18**, 37, 224, 439 (1907). — [22] *Fred, E. B.*, A study of the quantitative reduction of methylene blue by bacteria found in milk and use of this stain in determining the keeping quality of milk. Zbl. Bakter. II, **35**, 391—428 (1928). — [23] *Gerber, N.*, Über Professor J. Walthers Milchgärprobe oder Methode und Apparat zur Erkennung kranker Milch (Milchfehler). Milchztg Bremen **15**, 239 u. 258 (1886). — [24] *Grimes, M.*, *H. S. Body Barrett* and *J. Reilly*, Methyleneblue (Reductase-test) in milk grading.

The Scientific Proceedings of the Royal Dublin Society **18**, 437—441 (1927). — [25] *Hammer, B. W.*, Dairy Bacteriology. New York: Wiley and Sons 1928. — [26] *Hanke, E.*, Ist die Reduktaseprobe ein Mittel zur Qualitätsbestimmung der Milch? Milchwirtsch. Forschgn **2**, 243—372 (1925). — [27] *Henkel, Th.*, Katechismus der Milchwirtschaft. 5. Aufl. Stuttgart: Verlag Ulmer 1925. — [28] *Henneberg, W.*, Handbuch der Gärungsbakteriologie **2**. 2. Aufl. Berlin: Verlag Parey 1926. — [29] *Herz, J.*, Der erstmalige Preisbewerb in frischer Milch. Jb. der D.L.G. **22**, 570 bis 585 (1907). — [30] *Hudson, I. R.*, and *F. W. Tanner*, A note on the Weinzirl anaerobic spore test for determining manurial pollution of milk. J. Dairy Sci. **5**, 377 (1922). — [31] Jahresbericht 1913 der Württemb. Käserei-Versuchs- und Lehranstalt Wangen, Versuche mit einem neuen Gärapparat. — [32] *Kessler, M. A.*, and *J. C. Swenarton*, Gentian-violet lactose pepton bile for detection of B. coli in milk. J. Bacter. **14**, 47—53 (1927). — [33] *Klimmer, M., H. Haupt* u. *F. Borchers*, Über das Vorkommen und die Bestimmung der Coli- und Aerogenesbakterien in Milch. Milchwirtsch. Forschgn **9**, 236—248 (1929). — [34] *Kovàcs, N.*, Eine vereinfachte Methode zum Nachweis der Indolbildung der Bakterien. Z. Immun.forschg. **55**, 311—315 (1929). — [35] *Köstler, G.*, u. *A. Loosli*, Die wissenschaftlichen Grundlagen der Gärprobenbilder. Schweiz. Milchztg **51**, H. 77 (1925). — [36] *Kürsteiner, J.*, Beobachtungen bei den Untersuchungen einiger Käsereibetriebsstörungen. Schweiz. Milchztg **49**, H. 88 (1923). — [37] *Kürsteiner, J.*, Süßgrünfutter und Käsereikultur. Schweiz. Milchztg **46**, H. 38 (1920). — [38] *Kürsteiner, J.*, u. *W. Staub*, Ein weiterer Beitrag zur Abklärung der Süßgrünfutterfrage. Schweiz. Milchztg **47**, H. 95 (1921). — [39] *Lapinski, A.*, Methoden zum Indolnachweis in Bakterienkulturen. Arch. f. Hyg. **102**, 179—182 (1929), Ref. — [40] *Lehmann, K. B.*, u. *R. O. Neumann*, Bakteriologische Diagnostik **1**. 7. Aufl. Lehmanns med. Handatlanten **10** (München 1927). — [41] *Mehlhose, H.*, Einige Reduktaseversuche unter besonderer Berücksichtigung der Janusgrünreduktase. Süddtsch. Molkereiztg **49**, 1111—1113 (1928). — [42] Milchgärprobe. Milchztg Bremen **15**, 948 (1886). — [43] Mitteilungen der Königl. Bayer. Molkereiversuchs-Station Weihenstephan: v. Klenzes Apparat zur Bestimmung der Wirkung künstlicher Labflüssigkeiten. Milchztg Bremen **6**, 577 (1877). — [44] *Neisser* u. *Frieber*, siehe R. Kraus u. P. Uhlenhut, Handbuch der mikrobiologischen Technik **2**, 1253 (1923). Berlin-Wien: Urban u. Schwarzenberg. [45] *Orla-Jensen, S.*, Über den Ursprung der Oxydasen und Reduktasen der Kuhmilch. Zbl. Bakter. II, **18**, 211 u. 224 (1907). — [46] *Peter, A.*, Notiz betreffend Übereinstimmung der bakteriologischen Untersuchungen mit den Ergebnissen der praktischen Methoden zur Prüfung der Milch auf Käsereitauglichkeit. Schweiz. Milchztg **29**, H. 22 (1903). — [47] *Rahn, O.*, Die Grenzen der Reduktaseprobe für die Milchbeurteilung. Milchwirtsch. Zbl. **49**, 287, 299 u. 311 (1920). — [48] *Reimund*, Günstige Ergebnisse der Gesundheits- und Milchkontrolle bei etwa 8000 Milchkühen. Molkereiztg Hildesheim, Sonderdruck **1929**. — [49] *Schardinger, F.*, Über das Verhalten der Kuhmilch gegen Methylenblau und seine Verwendung zur Unterscheidung von ungekochter und gekochter Milch. Z. Unters. Nahrgsmitt. usw. **5**, 1113—1121 (1902). — [50] *Schröter, O.*, Vergleichende Prüfung bakteriologischer und biochemischer Methoden zur Beurteilung der Milch. Zbl. Bakter. II, **32**, 181—192 (1912). — [51] *Seelemann, M.*, Zur bakteriologischen-hygienischen Kontrolle und Qualitätsbestimmung von Rohmilch, insbesondere Vorzugsmilch. Molkereiztg Hildesheim **41**, 543 u. 561 (1927). — [52] *Thoemke, G.*, Zur Brauchbarkeit des Indolnachweises nach Kovàcs. Zbl. Bakter. I, **113**, 520—523 (1929). — [53] *Thöni, J.*, u. *O. Allemann*, Bakteriologische und chemische Untersuchungsergebnisse an fehlerhaften Emmentalerkäsen. Schweiz. Milchztg **41**, H. 81 (1915). — [54] *Thornton, H. R.*, and *E. G. Hastings*, Studies on oxidation-reduction in milk. I. Oxidation-reduction potentials and the mechanism of reduction. J. Bacter.

18, 293—318 (1929). — [55] *Thornton, H. R.,* and *E. G. Hastings,* Studies on oxidation-reduction in milk. II. The choice of an indicator for the reduction test. The reduction of janus green B. in milk. J. Bacter. **18,** 319—332 (1929). — [56] *Viertbauer, R.,* Vergleichende Untersuchungen über die Reduktionsfähigkeit der Kuhmilch durch Methylenblau und Janusgrün. Milchwirtsch. Forschgn **7,** 631—652 (1929). — [57] *Weigmann, H.,* u. *A. Wolff,* Jahresbericht 1913/14 der Versuchsstation und Lehranstalt für Molkereiwesen in Kiel. Zbl. Bakter. II, **44,** 164 bis 165 (1916). — [58] *Weinzirl, J.,* and *M. V. Veldee,* A bacteriological method for determining manurial pollution of milk. Amer. J. publ. Health **5,** 862—866 (1915); **11,** 149 (1921). — [59] *Wyssmann, E.,* Ein böser Käsefehler. Schweiz. Milchztg **49,** H. 88 (1923). — [60] *Wyssmann, E.,* u. *A. Peter,* Milchwirtschaft. 3. Aufl., 1908. Milchw. Verlag Huber, Frauenfeld. — [61] *Zeiler, K., H. Bauer* u. *A. Berwig,* Bewertung und Bezahlung der Milch nach Qualität. Milchwirtsch. Forschgn **5,** 557—661 (1928). — [62] *Zeiler, K.,* u. *A. Berwig,* Beobachtungen zur Erkennung der Käsereitauglichkeit von Milch. Milchwirtsch. Forschgn **10,** 132 bis 164 (1930).